10
1968

# Faserforschung und Textiltechnik

WISSENSCHAFTLICH-TECHNISCHE ZEITSCHRIFT
FÜR DIE CHEMIEFASER- UND TEXTILINDUSTRIE

BEGRUNDET VON
ERICH CORRENS UND WALTER FRENZEL

HERAUSGEGEBEN VON ERICH CORRENS
WOLFGANG BOBETH — HANS BÖHRINGER — HERMANN KLARE
BURKART PHILIPP — CHRISTIAN RUSCHER

SCHRIFTLEITER J. BRÄMER UND I. RUSCHER

AUS DEM INHALT



AKADEMIE-VERLAG BERLIN

Faserforsch. u. Textiltechnik • 19. Jahrg. • Heft 10 • Seiten 441—488 • Berlin im Oktober 1968

DK 677.494.675'126–042.2:539.26:677.494.061

*Bobeth, Wolfgang*, und *Päßler, Helmar*

Zum Verhalten von Fäden bei Druckbeanspruchungen durch Walzen

Teil II. Strukturelle Deutung von Eigenschaftsänderungen monofiler Polyamid-6-Seide

Faserforsch. u. Textiltechnik **19** (1968) 10, S. 441–446. 12 Abb., 3 Lit.

Druckbeanspruchungen von monofiler Polyamid-6-Seide durch Walzen führen zu Orientierungs- und Kristallinitätsänderungen, die durch Röntgenuntersuchungen belegt werden. Die beim Walzen eingetretenen Änderungen der Form, des Zugverhaltens, der Dichte und der Anfärbbarkeit der monofilen Seide werden auf der Grundlage der Fransenfibrillentheorie von *Hearle* diskutiert.

DK 661.728.84:539.215.6:532.72:541.135:535.827.2:535.55

*Purz, Hans-Joachim*, und *Gröbe, Anneliese*

Mikroskopische Untersuchungen zur Struktur von Cellulosexanthogenatgelen

Teil I. Geordnete Gelbildung durch zentrifugale Diffusion von Elektrolyten

Faserforsch. u. Textiltechnik **19** (1968) 10, S. 460–467. 13 Abb., 1 Tab., 6 Lit.

Es wird die geordnete Gelbildung durch zentrifugale Diffusion von verschiedenen Elektrolyten in den hydrophilen Polyelektrolyten Na-Cellulosexanthogenat untersucht. Bei der zentrifugalen Ionendiffusion entstehen ionencharakteristische Gelscheiben, die im polarisierten Licht bei gekreuzten Polars Doppelbrechung aufweisen. Die Vorgänge der Gelbildung, die unter dem Einfluß der verschiedenen Ionen zu spezifischen Strukturierungen führen, wurden mikroskopisch beobachtet und diskutiert. Es wird der Versuch unternommen, die Richtwirkung der Gegenionen, die mit dem Cellulosexanthogenat anisotrope Gele bilden, durch Messen der ionotropen Doppelbrechung zu ermitteln.

DK 677.463:620.178.162.4:620.162

*Stöver, Hellfried*

Zur Fasernaßscheuerung von Viskosefasern

Faserforsch. u. Textiltechnik **19** (1968) 10, S. 447–452. 11 Abb., 2 Tab., 7 Lit.

Eine neue Methode zur Naßscheuerung von Viskosefasern wird beschrieben. Das Prinzip beruht auf der Anscheuerung der Fasern mittels einer nassen, gewebeüberzogenen rotierenden Welle. Die Festigkeit der Probe wird vor und nach der Beanspruchung geprüft. Aus dem Festigkeitsverlust und spezifischen Versuchskennwerten wird eine Verschleißkonstante berechnet. Anhand des Vergleiches der Ergebnisse mit denen von Tragversuchen wird nachgewiesen, daß die Verschleißkonstante eine Voraussage der Gebrauchstüchtigkeit (Scheuerbeständigkeit) von Wäscheartikeln gestattet. Die Ergebnisse sind gut reproduzierbar.

DK 674.032.14:674.038.15:581.4:535.827.2:537.533.35

*Casperson, Gerhard*

Anatomische Untersuchungen am Lärchenholz (Larix decidua Miller)

Faserforsch. u. Textiltechnik **19** (1968) 10, S. 467–476. 18 Abb., 56 Lit.

Lärchenholz wurde licht- und elektronenmikroskopisch untersucht. Das Normalholz ist gekennzeichnet durch auffallend große und dünnwandige Frühholzzellen und dickwandige Spätholzzellen, wobei Früh- und Spätholz scharf gegeneinander abgesetzt sind. Auch im Reaktionsholz ist dieser Unterschied zwischen Früh- und Spätholz zu erkennen, so daß hier dünnwandige neben dickwandigen abgerundeten Reaktionsholzzellen auftreten. Die Sekundärwand ist von einem radial-schraubigen Spaltensystem durchzogen, das nicht identisch mit den Spiralverdickungen der $S_3$ im Normalholz ist. Die $S_1$ ist besonders breit im Reaktionsholz angelegt. Der Bau von einfach und doppelt behöften Tüpfeln beim Reaktionsholz wird diskutiert.

DK 677.4–042.2:677.4.061.382:620.172.2:535.12.08

*Geitel, Karlheinz*

Bestimmung periodischer Masseschwankungen in Chemieseiden

Teil I: Das Wellenlängenspektrum

Faserforsch. u. Textiltechnik **19** (1968) 10, S. 452–459. 10 Abb., 1 Tab., 7 Lit.

Die Erkennung und Deutung von periodischen Masseschwankungen ist Voraussetzung für die Verbesserung der Gleichmäßigkeit der Chemieseiden. Nach einer kurzen Behandlung der theoretischen Grundlagen des Spektrums werden die Möglichkeiten und Grenzen des Uster-Spektrographen untersucht. Hinweise auf eine verbesserte Auswertung der Spektrogramme werden gegeben. Die gewonnenen Erkenntnisse werden bei der Ermittlung periodischer Masseschwankungen in Chemieseiden angewendet. Die wichtigsten Entstehungsursachen periodischer Masseschwankungen werden anhand zahlreicher Beispiele erörtert.

Kurze Mitteilungen

DK 677.463.021.5:677.463.021.525/.526:546.47'221

*Rose, Klaus Peter, Maron, Reinhard*, und *Gröbe, Anneliese*

Über die Zersetzung von Zinksulfid in Gegenwart von Viskosemodifikatoren

Faserforsch. u. Textiltechnik **19** (1968) 10, S. 476–477. 1 Abb., 1 Tab., 8 Lit.

DK 061.3.055.1(430.2–2.765):677.4

*Schmiedeknecht, Heiner*

Zweite Fachtagung Chemiefaserstoffe der KdT

Faserforsch. u. Textiltechnik **19** (1968) 10, S. 478–479.

Neue Bücher S. 480–482.

Patentschau S. 483–485.

Literaturschau S. 485–488.

Die Zeitschrift „Faserforschung und Textiltechnik" erscheint monatlich in Heften zu 48 Textseiten im Format A 4. Der Preis für das Einzelheft beträgt M 15,— (Sonderpreis für DDR M 9,—), für den Vierteljahrbezug M 45,— (Sonderpreis für DDR M 27,—), zuzügl. Bestellgeld. Die Berechnung erfolgt zu Beginn eines Vierteljahrs für 3 Hefte. Bestellungen aus dem Gebiet der Deutschen Demokratischen Republik an ein Postamt, eine Buchhandlung oder den Verlag, aus der Deutschen Bundesrepublik an eine Buchhandlung oder die Auslieferungsstelle Kunst und Wissen, Erich Bieber, 7 Stuttgart 1, Wilhelmstraße 4—6, aus dem Ausland an eine Importbuchhandlung, den Deutschen Buch-Export und -Import GmbH., 701 Leipzig, Postschließfach 276, oder den Akademie-Verlag GmbH., 108 Berlin, Leipziger Str. 3—4 (Fernruf: 220441; Telex-Nr. 0112020; Postscheckkonto 35021) erbeten. Bestellnummer dieses Heftes: 1014/19/10. Alleinige Anzeigenannahme DEWAG-WERBUNG, 102 Berlin, Rosenthaler Str. 28/31, und alle DEWAG-Betriebe in den Bezirksstädten der DDR. — Bestellungen in der UdSSR nehmen entgegen: Städtische Abteilungen von „SOJUZPECHATJ" bzw. Postämter und Postkontore.

Herausgeber und verantwortlich für den Inhalt: Prof. Dr. Erich Correns, Institut für Faserstoff-Forschung der Deutschen Akademie der Wissenschaften zu Berlin, 153 Teltow-Seehof, Fernruf: Teltow 4831; Prof. Dr.-Ing. habil. Wolfgang Bobeth, Institut für Technologie der Fasern der Deutschen Akademie der Wissenschaften zu Berlin, 801 Dresden, Hohe Str. 6, Fernruf: 44721; Prof. Dr.-Ing. Hans Böhringer, Institut für Textiltechnologie der Chemiefasern Rudolstadt, Fernruf: Rudolstadt 2031; Prof. Dr. Hermann Klare, Prof. Dr. habil. Burkart Philipp und Dr. Christian Ruscher, Institut für Faserstoff-Forschung der Deutschen Akademie der Wissenschaften zu Berlin, 153 Teltow-Seehof, Fernruf: Teltow 4831. Schriftleiter: Joachim Brämer und Dipl.-Chem. Ingeborg Ruscher, 153 Teltow-Seehof, Kantstr. 55. Verlag: Akademie-Verlag GmbH., 108 Berlin, Leipziger Str. 3—4. Satz und Druck: Druckhaus „Maxim Gorki", 74 Altenburg. — Veröffentlicht unter der Lizenznummer 1280 des Presseamtes beim Vorsitzenden des Ministerrates der Deutschen Demokratischen Republik.

# Faserforschung und Textiltechnik

WISSENSCHAFTLICH-TECHNISCHE ZEITSCHRIFT FÜR DIE CHEMIEFASER- UND TEXTILINDUSTRIE

Band 19 | Oktober 1968 | Heft 10

# Zum Verhalten von Fäden bei Druckbeanspruchungen durch Walzen

## Teil II. Strukturelle Deutung von Eigenschaftsänderungen monofiler Polyamid-6-Seide[1])

*Wolfgang Bobeth und Helmar Päßler*

*Institut für Textiltechnik der Technischen Universität Dresden*

DK 677.494.675'126—042.2::539.26:677.494.061

Druckbeanspruchungen von monofiler Polyamid-6-Seide durch Walzen führen zu Orientierungs- und Kristallinitätsänderungen, die durch Röntgenuntersuchungen belegt werden. Die beim Walzen eingetretenen Änderungen der Form, des Zugverhaltens, der Dichte und der Anfärbbarkeit der monofilen Seide werden auf der Grundlage der Fransenfibrillentheorie von *Hearle* diskutiert.

*К поведению нитей при нажимной нагрузке путем вальцевания.*

*Часть II. Интерпретация изменений свойств моноволокна из полиамида-6 с точки зрения структуры*

Сжимающая нагрузка моноволокна из полиамида-6 при вальцевании приводит к изменениям ориентации и кристалличносту, доказанным при применении рентгенографии. Наблюдаемые в процессе вальцевания изменения формы, разрывных характеристик, плотности и окрашиваемости моноволокна обсуждены на основе теории бахромчатых фибрилл Хирля.

*Behavior of Filaments on Compression by Rollers.*

*Part II. Structural Interpretation of Changes in Properties of Polyamide-6-Monofilaments*

Compression of polyamide-6-monofilaments by rollers results in changes of crystallinity and orientation, as revealed by X-ray investigations. Accompanying changes in shape, tensile properties, density, and dyeability of the monofilaments are discussed referring to the fringed micelle theory of *Hearle*.

### 1. *Einleitung*

Im Teil I dieser Arbeit wurde dargelegt, daß monofile Polyamid-6-Seide (DEDERON Nm 300 [3,4 tex]) durch Druckbeanspruchung zwischen den gehärteten Stahlwalzen eines Fadenwalzgerätes beträchtliche Formänderungen erfährt und daß die Walzdruckkraft sowie die Auslaufzugkraft (auf den aus dem Walzspalt austretenden Faden wirkende Zugkraft) darauf einen erheblichen Einfluß ausüben.

Die Änderungen der Fadenform und anderer Eigenschaften, wie Zugverhalten, Dichte, Anfärbbarkeit, stehen in unmittelbarem Zusammenhang mit dem strukturellen Aufbau des Faserstoffes bzw. mit den Änderungen der verschiedenen Strukturparameter. Dabei ist insbesondere die übermolekulare Ordnung von Bedeutung.

Im folgenden wird versucht, unter Berücksichtigung der Ergebnisse von Strukturuntersuchungen nichtgewalzter und gewalzter Fäden auf der Grundlage der Fransenfibrillentheorie von *Hearle* die beim Walzen eintretenden Änderungen der monofilen Polyamid-6-Seide zu erklären.

### 2. *Änderungen der Faserstoffstruktur*

#### 2.1. *Fransenfibrillenstruktur*

Das Druckverhalten eines Faserstoffes wird im wesentlichen von dessen übermolekularer Ordnung bestimmt. Eine Zusammenfassung der zur übermolekularen Ordnung von Faserstoffen vertretenen Vorstellungen gibt u. a. *Hearle* [1], wobei er gleichzeitig die von ihm entwickelte Fransenfibrillentheorie erläutert.

Unter Fransenfibrillen sind lange, unvollkommen kristalline Bauelemente zu verstehen. Die einzelnen Kettenmoleküle nehmen nur abschnittsweise an der Bildung der kristallinen Fibrillen teil. Die nicht an der Kristallitbildung beteiligten Molekülabschnitte treten fransenartig aus den Fibrillen aus und bilden die zwischen den Fibrillen befindlichen nichtkristallinen Gebiete. Die kristalline Unvollkommenheit der Fransenfibrillen beruht auf dem Vorhandensein von Störstellen in der kristallinen Struktur, die besonders beim Ein- bzw. Austritt der Moleküle auftreten. Außerdem sind Krümmungen und Verzweigungen der Fibrillen vorhanden. In Bild 1 ist schematisch die Anordnung der Kettenmoleküle entsprechend der Fransenfibrillentheorie von *Hearle* dargestellt. Diese Theorie liegt den folgenden Betrachtungen über die Strukturänderungen der monofilen Polyamidseide zugrunde.

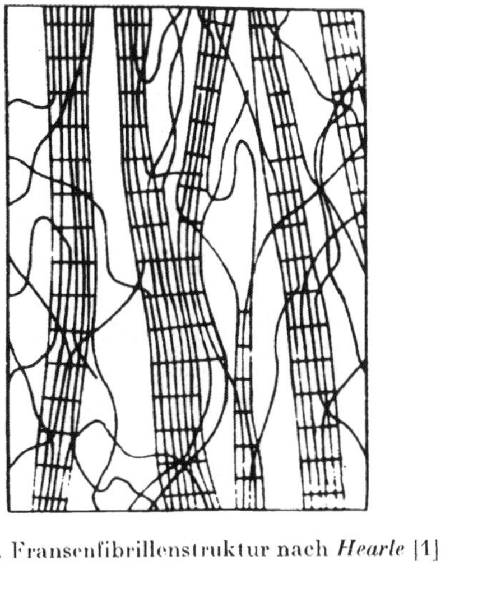

Bild 1. Fransenfibrillenstruktur nach *Hearle* [1]

[1]) Teil I: Faserforsch. u. Textiltechnik **19** (1968) 9, S. 418—422.

a. nicht gewalzt

b. $F_W = 2{,}0$ kp; $K_A = 0{,}5$ p

c. $F_W = 7{,}5$ kp; $K_A = 0{,}5$ p

d. $F_W = 2{,}0$ kp; $K_A = 20{,}0$ p

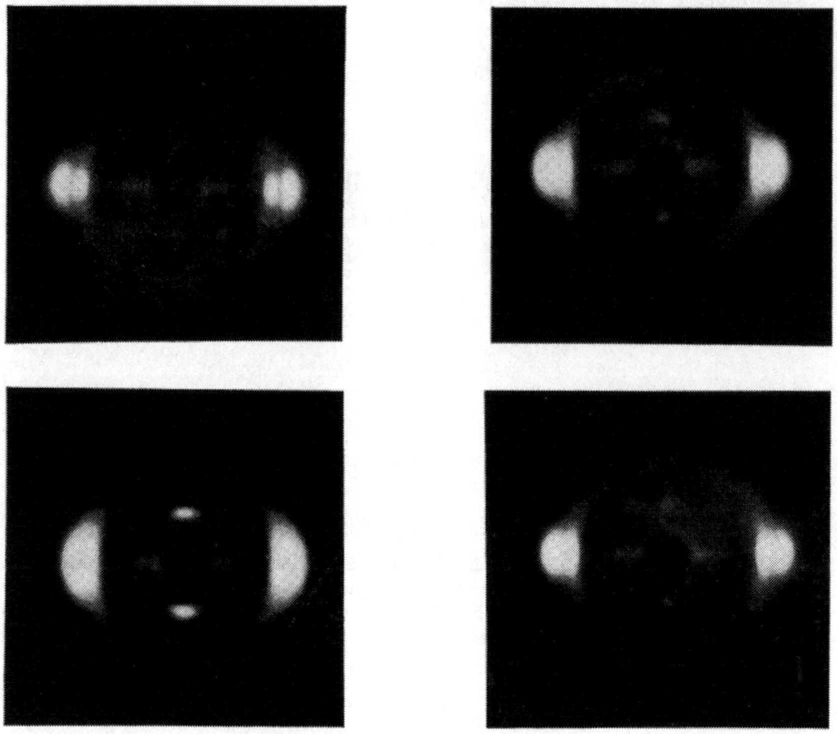

Bild 2. Röntgenaufnahmen von monofiler Polyamid-6-Seide vor und nach dem Walzen

*2.2. Strukturänderungen*

Grundsätzliche Hinweise über die Änderungen der verschiedenen Strukturmerkmale des Faserstoffes durch die Druckbeanspruchung beim Walzen ergaben Röntgenuntersuchungen[2]). Die Auswertung der in den Bildern 2a bis 2d dargestellten Röntgenaufnahmen von nichtgewalzten und gewalzten Fäden führte zu folgenden Feststellungen:

a) Mit steigender Walzdruckkraft nimmt die Orientierung der kristallinen Bereiche zur Fadenachse ab. Bei höheren Auslaufzugkräften ist die Orientierungsabnahme geringer.
b) Die kristallinen Teilchen werden mit steigender Walzdruckkraft kleiner. Eine höhere Auslaufzugkraft hat hierauf keinen Einfluß.
c) Der kristalline Anteil (Ordnungsgrad) verringert sich mit steigender Walzdruckkraft. Ein Einfluß der Auslaufzugkraft besteht nicht.

Weiterhin wurde der Durchschnittspolymerisationsgrad von nichtgewalzter und gewalzter monofiler Polyamidseide bestimmt. Dabei ergaben sich folgende Werte:

| Walzdruckkraft ($K_E = K_A = 0{,}5$ p) | nicht gewalzt | 2,0 kp | 5,0 kp | 10,0 kp |
|---|---|---|---|---|
| Durchschnitts-polymerisationsgrad | 158 | 158 | 158 | 157 |

[2]) Die Röntgenaufnahmen wurden freundlicherweise von Herrn Dr. *Ch. Ruscher*, Institut für Faserstoff-Forschung, Teltow-Seehof, angefertigt und ausgewertet, wofür ihm bestens gedankt wird.

Auf Grund dieser Ergebnisse ist anzunehmen, daß das Walzen keine wesentlichen Zerstörungen von Kettenmolekülen verursacht.

Auf der Grundlage der Fransenfibrillentheorie ist die Abnahme der Orientierung der kristallinen Bereiche in der Weise zu deuten, daß die Fibrillen durch das Walzen stärker gekrümmt werden (Bild 3), wobei die einzelnen Teile jeder Fibrille eine größere Neigung gegenüber der Fadenachse erfahren. Außerdem treten durch die erzwungene stärkere Krümmung stellenweise Zerstörungen der kristallinen Struktur der Fibrillen ein. Diese Veränderungen sind um so ausgeprägter, je höher die Druckkraft beim Walzen ist. Durch höhere Auslaufzugkräfte können zwar die eingetretenen stärkeren Krümmungen z. T. rückgängig gemacht werden, ein Aufheben der Zerstörung von kristalliner Struktur ist dadurch aber nicht möglich.

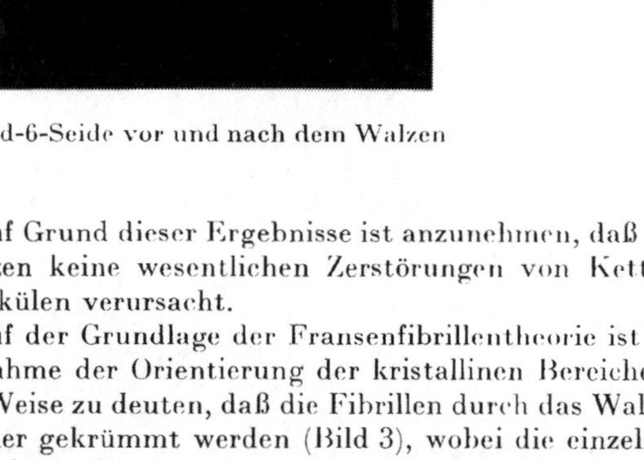


Bild 3. Schematische Darstellung einer Fibrille im Faden vor und nach dem Walzen

a — kleine kristalline Teilchen
b — gekrümmte und verflochtene Anordnung der Fibrillen

Bild 4. Anordnung der kristallinen Bereiche

Die Fransenfibrillentheorie ist in gute Übereinstimmung mit der beim Walzen eintretenden Verkürzung der monofilen Polyamidseide zu bringen. Würden in dem Faden kleine kristalline Teilchen allseitig in nichtkristalliner Substanz eingebettet liegen (Bild 4a), dann müßte das Walzen zu einem teigartigen Ausstreichen führen; neben einer Abplattung des Querschnitts würde sich dabei der Faden verlängern. Bei Vorliegen der Fibrillenstruktur ist dagegen eine Verdrängung der Faserstoffsubstanz in axialer Richtung beim Walzen nicht möglich. Mit der Vorstellung von der räumlichen Krümmung der Fibrillen, verbunden mit Verzweigungen und einer dadurch bedingten Verflechtung (Bild 4b) ist eine Verkürzung des Fadens durch das Walzen erklärbar. Durch die Verflechtung werden bei der Druckeinwirkung die einzelnen Teile der Fibrillen im Durchschnitt stärker gegenüber der Fadenachse geneigt, d. h., die Fibrillen werden stärker gekrümmt, und der Faden wird kürzer.

Weitere Aufschlüsse über die Veränderungen der monofilen Polyamidseide durch das Walzen ergaben Querschnittsuntersuchungen mit dem Polarisationsmikroskop. Die Beobachtungen wurden bei Diagonallage der Achsen der ellipsenförmigen Querschnitte zwischen gekreuzten Polarisatoren durchgeführt. In Bild 5 sind die Querschnitte skizziert. Die vollkommene Isotropie über den Querschnitt eines nichtgewalzten Fadens führte zu totaler Auslöschung. Dagegen traten bei der Untersuchung der Querschnitte gewalzter Fäden Interferenzfarben auf, die innerhalb der Querschnitte noch unterschiedlich waren. Auf Grund der konstanten Dicke innerhalb eines Querschnitts sind die verschiedenen Interferenzfarben bzw. Gangunterschiede auf Änderungen der Doppelbrechung zurückzuführen. Die größte Doppelbrechung in den Querschnitten der gewalzten Fäden tritt im Fadenkern auf; nach den Randgebieten zu nimmt sie ab. Diejenigen Bereiche des Fadens, die beim Walzen im Walzspalt außen lagen, behalten ihre isotropen Eigenschaften. Durch das Aufreißen des Fadenkerns bei Walzdruckkräften von 5,0 und 10,0 kp wird das Zentrum als Gebiet größter Doppelbrechung gestört, und es verbleiben nur noch inselartige Bereiche mit maximaler Doppelbrechung. Die in Bild 5 angegebenen Gangunterschiede sind *zwischen* den verschiedenen Querschnitten nicht ver-

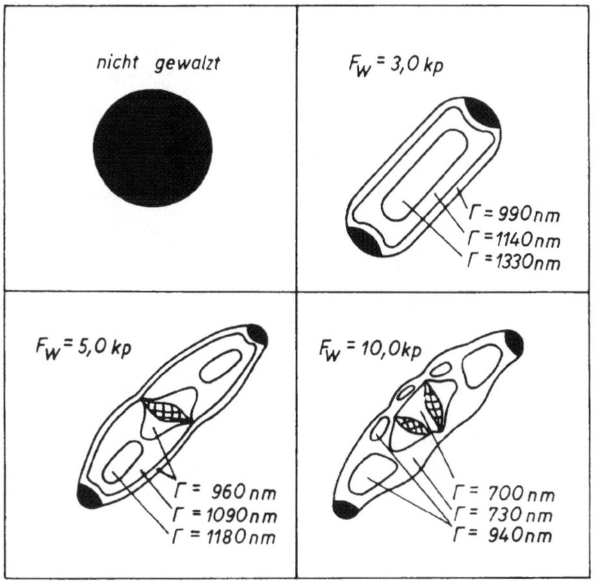


Bild 5. Querschnitte von monofiler Polyamid-6-Seide vor und nach dem Walzen bei Betrachtung im Polarisationsmikroskop zwischen gekreuzten Polarisatoren

gleichbar, da hier Schwankungen in den Schnittdicken vorliegen können.

Die in den Querschnitten gewalzter Fäden festgestellte Doppelbrechung ist darauf zurückzuführen, daß die stärkere Krümmung der Fibrillen durch das Walzen in einer senkrecht zur Druckrichtung liegenden Ebene erfolgt, wobei sich bestimmte Kristallebenen vorzugsweise in diese Ebenen legen.

### 3. *Änderungen des Zugverhaltens*

Das Walzen führt bereits bei kleinsten Druckkräften zu einer Verminderung der Reißlänge und der massebezogenen Reißarbeit der monofilen Polyamidseide (Bild 6); der Faserstoff wird also durch das Walzen

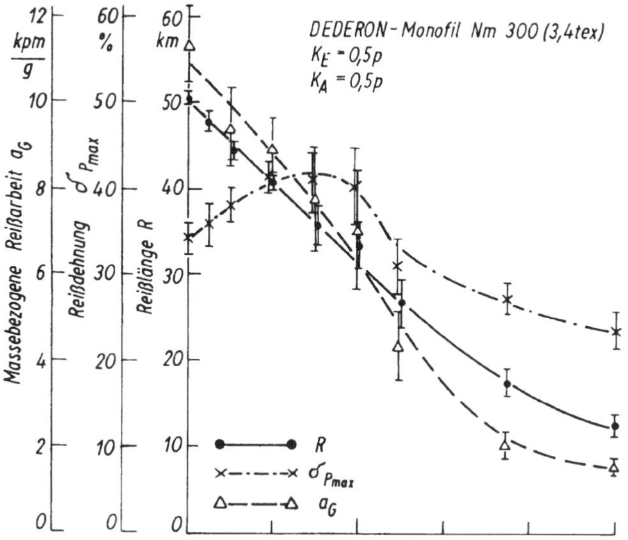


Bild 6. Reißlänge, Reißdehnung und massebezogene Reißarbeit in Abhängigkeit von der Walzdruckkraft

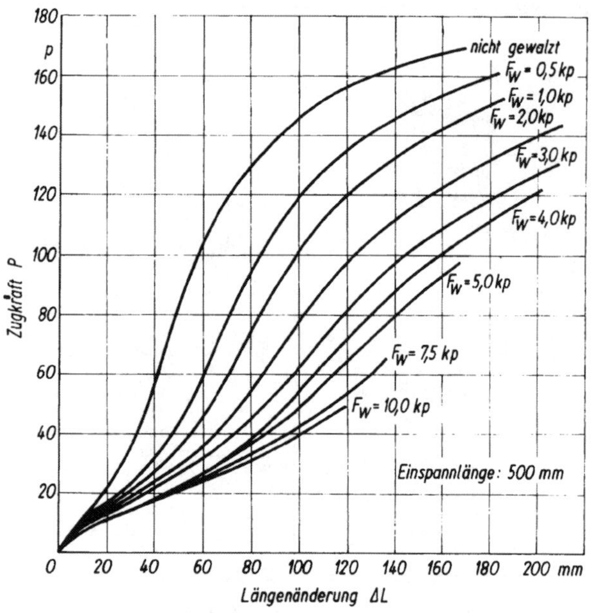


Bild 7. Kraft-Längenänderungs-Kurven von monofiler Polyamid-6-Seide in Abhängigkeit von der Walzdruckkraft ($K_E = K_A = 0{,}5$ p)

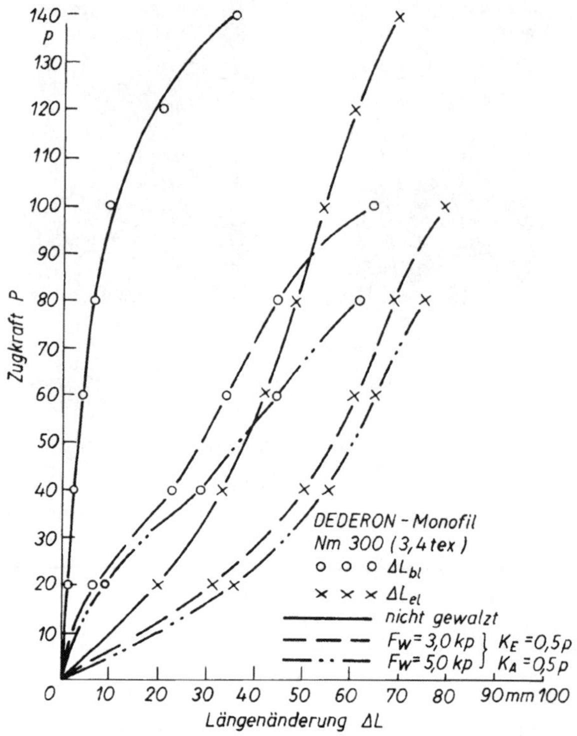


Bild 8. Einfluß des Walzens auf die elastische und bleibende Längenänderung durch Zugbeanspruchung

geschädigt. Die Schädigung besteht im Zerstören eines Teiles der zwischenmolekularen Bindungen, insbesondere in Zusammenhang mit der teilweisen Zerstörung kristalliner Substanz. Durch die Verminderung der zwischenmolekularen Bindungskräfte können die Kettenmoleküle bei einer Zugbeanspruchung des Fadens einerseits unter geringerem Kraftaufwand gestreckt werden, und andererseits können sie schon bei niedrigeren Zugkräften auseinandergleiten. Außer der Abnahme der Reißlänge verlaufen dadurch die Kraft-Längenänderungs-Kurven um so flacher, je stärker die Fäden beim Walzen durch Druck beansprucht wurden (Bild 7). Gleiche Zugkräfte verursachen also um so größere Längenänderungen, je höher die Druckkraft beim Walzen war; diese Dehnungszunahmen beruhen — wie Bild 8 zeigt — auf einer Vergrößerung sowohl des bleibenden als auch des elastischen Anteils.

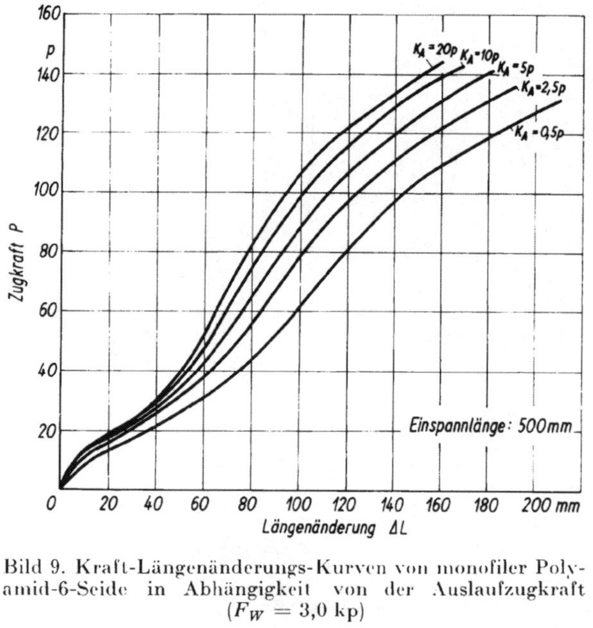


Bild 9. Kraft-Längenänderungs-Kurven von monofiler Polyamid-6-Seide in Abhängigkeit von der Auslaufzugkraft ($F_W = 3{,}0$ kp)

Im vorhergehenden Abschnitt wurde dargelegt, daß sich durch das Walzen die Orientierung der kristallinen Bereiche gegenüber der Fadenachse verringert, indem die Fibrillen eine stärkere Krümmung erfahren. Bei der Zugbeanspruchung eines gewalzten Fadens werden die gekrümmten Fibrillen z. T. wieder gestreckt, wodurch ein zusätzlicher Längenänderungsanteil auftritt. Auf Grund dessen nimmt die Reißdehnung der monofilen Polyamidseide bis zu Walzdruckkräften von 3 bis 4 kp zu (Bild 6). Bei weiterer Erhöhung der Walzdruckkraft werden die Fäden durch die Zerstörung von zwischenmolekularen Bindungen so stark geschädigt, daß das Auseinandergleiten der Kettenmoleküle bei immer kleineren Längenänderungen einsetzt, wodurch die Reißdehnung in Abhängigkeit von der Walzdruckkraft wieder abnimmt.

In Bild 9 sind mittlere Kraft-Längenänderungs-Kurven von einer mit 3,0 kp Druckkraft und verschiedenen Auslaufzugkräften gewalzten monofilen Polyamidseide dargestellt. Aus dem Verlauf dieser Kurven und ihrer Endwerte ist zu entnehmen, daß die Wirkung der Druckbeanspruchung auf das Zugverhalten der Fäden durch höhere Auslaufzugkräfte zu einem Teil kompensiert werden kann.

## 4. *Änderungen der Dichte*

Zum Bestimmen des Einflusses des Walzens auf die Dichte der monofilen Polyamidseide wurden Untersuchungen nach der Schwebemethode durch Gemisch-

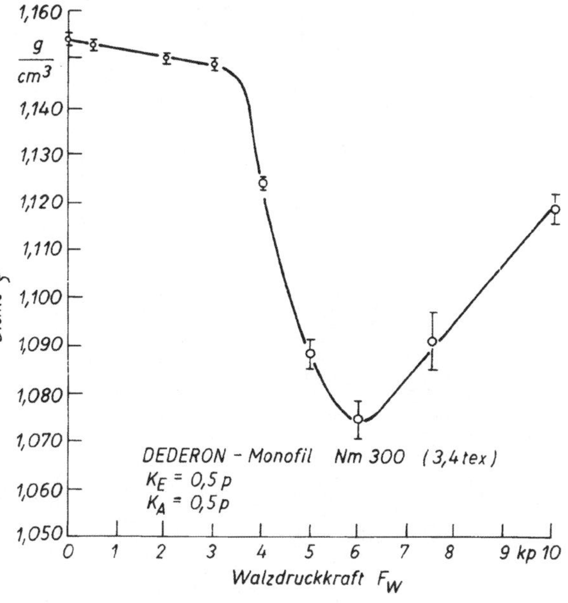


Bild 10. Dichte in Abhängigkeit von der Walzdruckkraft

konzentrationsänderungen durchgeführt. In Bild 10 ist die Dichte in Abhängigkeit von der Walzdruckkraft dargestellt. Die geringe Dichteabnahme im ersten Abschnitt der Kurve bis zu etwa 3 kp Walzdruckkraft ist auf die strukturelle Auflockerung des Faserstoffes, insbesondere auf die teilweise Zerstörung von kristallinen Bereichen zurückzuführen. Bei höheren Walzdruckkräften reißt der Fadenkern auf, wobei kleine, in sich abgeschlossene Hohlräume entstehen. In diese konnte die Imbibitionsflüssigkeit nicht eindringen, so daß die Untersuchungen zu sehr niedrigen Dichtewerten führten. Bei höchsten Druckkräften (etwa ab 7,5 kp) reißt der Faden teilweise bis zur Oberfläche hindurch auf. Dadurch gelangt in einen Teil der Hohlräume Flüssigkeit, wodurch ein erneuter Anstieg der Dichte eintrat.

## 5. *Änderungen der Anfärbbarkeit*

In Anlehnung an Arbeiten von *Zollinger* [2, 3] wurden Färbeversuche mit folgenden Farbstoffen durchgeführt:

a) Säurefarbstoff Orange II,

b) 1:2-Metallkomplexfarbstoff Cibalanbordeaux 3 BL.

Die vergleichende Beurteilung der Färbungen erfolgte durch die Extinktionen von Lösungen der gefärbten Fäden.

In Bild 11 sind die Ergebnisse der Versuche mit dem Säurefarbstoff Orange II, der sich vorwiegend nach dem Salzbildungsmechanismus mit dem Faserstoff verbindet, dargestellt. Das Walzen beeinflußt die Anfärbbarkeit der monofilen Polyamidseide mit diesem Farbstoff nicht. Offenbar ist die Zugänglichkeit der für die Salzbildung erforderlichen Endgruppen der Kettenmoleküle für die Farbstoffmoleküle bereits im nichtgewalzten Faden so groß, daß keine weitere Steigerung durch das Walzen möglich ist.

Der 1:2-Metallkomplexfarbstoff Cibalanbordeaux 3 BL verbindet sich dagegen vorwiegend nach dem Lösungsmechanismus mit dem Faserstoff. Wie aus Bild 12 hervorgeht, übt hier das Walzen einen beträchtlichen Einfluß auf die Anfärbbarkeit der monofilen Polyamidseide mit diesem Farbstoff aus. Nach *Zollinger* [2] sind für den Lösungsmechanismus die Carbonamidgruppen der Kettenmoleküle nötig, die sich zu einem großen Teil in den kristallinen Bereichen befinden. Da beim Walzen die kristalline Struktur teilweise zerstört wird, werden mehr Carbonamidgruppen für den Farbstoff zugänglich, wodurch die Farbstoffaufnahme ansteigt.

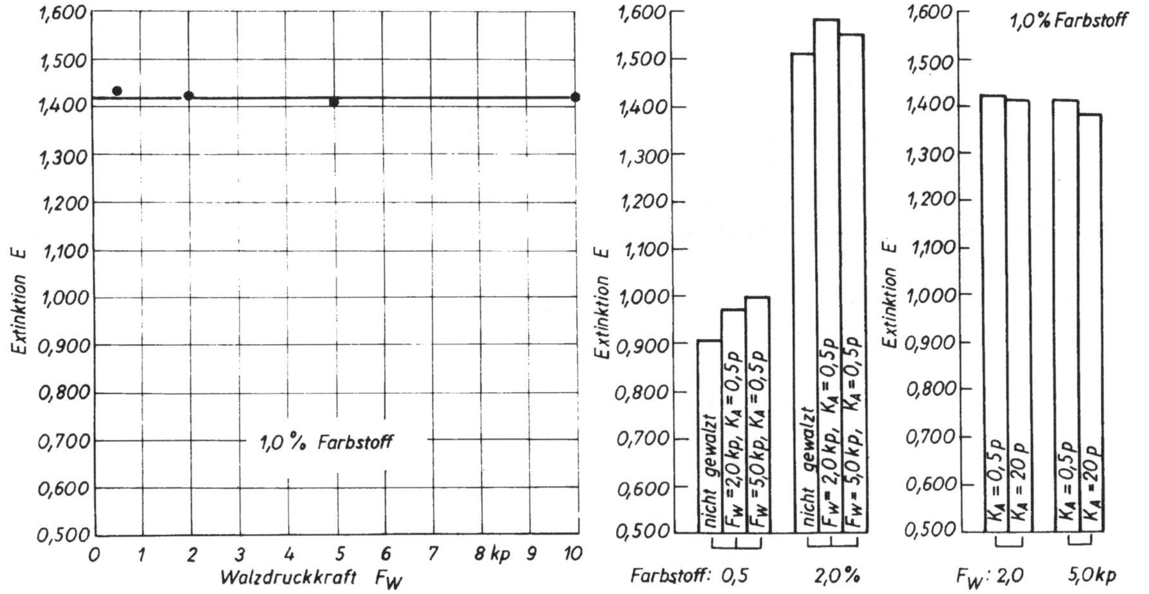


Bild 11. Extinktion von Lösungen gewalzter und mit einem Säurefarbstoff gefärbter Fäden
DEDERON-Monofil Nm 300 (3,4 tex); Farbstoff: Orange II; Lösungsmittel: m-Kresol; Filter S 50

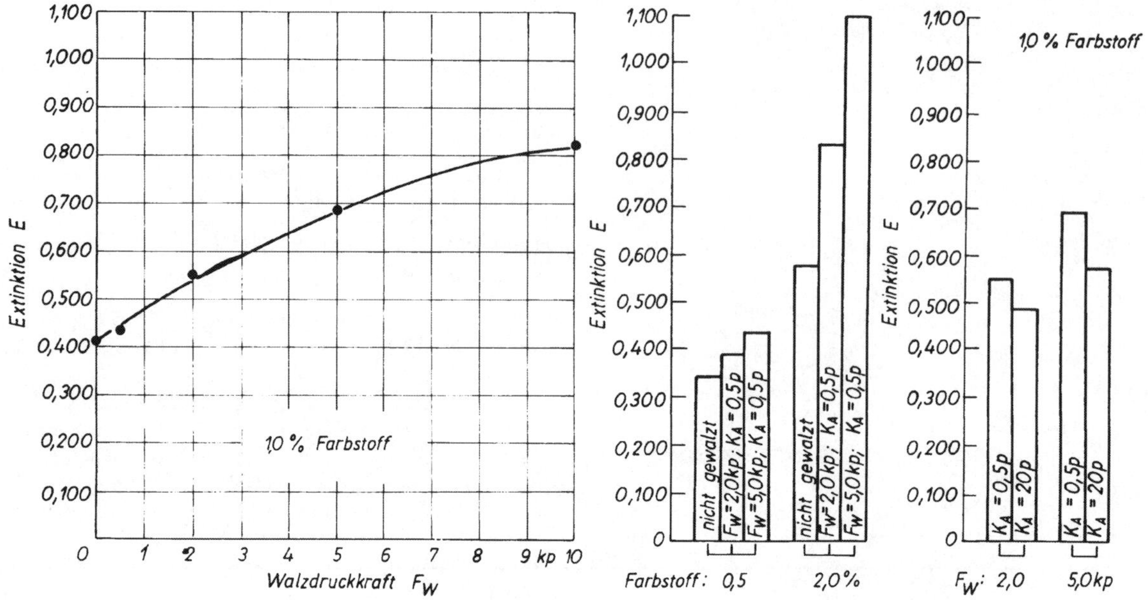


Bild 12. Extinktion von Lösungen gewalzter und mit einem 1:2-Metallkomplexfarbstoff gefärbter Fäden DEDERON-Monofil Nm 300 (3,4 tex); Farbstoff: Cibalanbordeaux 3 BL; Lösungsmittel: m-Kresol; Filter: S 57

## 6. *Zusammenfassung*

Röntgenuntersuchungen von monofiler Polyamid-6-Seide ergaben, daß durch das Walzen

a) die Orientierung der kristallinen Bereiche abnimmt,

b) die kristallinen Teilchen kleiner werden und

c) der kristalline Anteil verringert wird.

Zerstörungen von Kettenmolekülen sind auf Grund von DP-Grad-Messungen nicht anzunehmen.

Auf der Grundlage der Fransenfibrillentheorie von *Hearle* sind die Verkürzungen der monofilen Polyamidseide durch das Walzen mit einer zunehmenden Krümmung der Fibrillen zu erklären, deren kristalline Struktur dadurch teilweise zerstört wird. Die zunehmende Krümmung der Fibrillen erfolgt in der senkrecht zur Druckrichtung liegenden Ebene, wobei auch eine Orientierung im Fadenquerschnitt eintritt.

Die Zerstörung zwischenmolekularer Bindungskräfte durch das Walzen bewirkt eine Abnahme der Reißlänge. Die Reißdehnung steigt mit der Walzdruckkraft zunächst an, da die teilweise Streckung der beim Walzen gekrümmten Fibrillen einen zusätzlichen Längenänderungsanteil liefert. Bei höheren Druckkräften gleiten durch die starken Zerstörungen die Kettenmoleküle bereits nach kleineren Längenänderungen bis zum Fadenbruch auseinander, wodurch die Reißdehnung wieder abnimmt.

Die Dichte des Faserstoffes wird durch die strukturelle Auflockerung beim Walzen verringert. Besonderheiten im Verlauf der Dichte-Walzdruckkraft-Kurve beruhen auf dem Aufreißen des Fadenkerns bei höheren Walzdruckkräften.

Die Anfärbbarkeit von monofiler Polyamidseide mit dem Säurefarbstoff Orange II wird durch das Walzen nicht verändert; dagegen wird die Aufnahme des 1:2-Metallkomplexfarbstoffes Cibalanbordeaux 3 BL durch die Druckbeanspruchung beträchtlich erhöht.

## *Literatur*

[1] *Hearle, J. W. S.:* The development of ideas of fine structure. In: *Hearle, J. W. S.* und *Peters, R. H.:* Fibre structure. Manchester, London: The Textile Institute u. Butterworths 1963.

[2] *Zollinger, H.:* Der Färbemechanismus neutralziehender Metallkomplexe. Textil-Rdsch., St. Gallen **13** (1958) S. 217—226.

[3] *Zollinger, H., Back, G., Milicevic, B.,* und *Roseira, A. N.:* Untersuchungen über den Färbemechanismus von Säurefarbstoffen auf verschiedene Polyamidfasern. Melliand Textilber. **42** (1961) S. 73—80.

*Eingegangen am 13. Mai 1968*

# Zur Fasernaßscheuerung von Viskosefasern

*Hellfried Stöver*

*127. Mitteilung aus dem Institut für Textiltechnologie der Chemiefasern Rudolstadt*
*(Direktor: Dipl.-Ing. Horst Bürger)*

DK 677.463:620.178.162.4:620.162

Eine neue Methode zur Naßscheuerung von Viskosefasern wird beschrieben. Das Prinzip beruht auf der Anscheuerung der Fasern mittels einer nassen, gewebeüberzogenen rotierenden Welle. Die Festigkeit der Probe wird vor und nach der Beanspruchung geprüft. Aus dem Festigkeitsverlust und spezifischen Versuchskennwerten wird eine Verschleißkonstante berechnet. Anhand des Vergleiches der Ergebnisse mit denen von Tragversuchen wird nachgewiesen, daß die Verschleißkonstante eine Voraussage der Gebrauchstüchtigkeit (Scheuerbeständigkeit) von Wäscheartikeln gestattet. Die Ergebnisse sind gut reproduzierbar.

*Об истирании визкозных волокон в мокром состоянии*

Описан новый метод истирания вискозных волокон в мокром состоянии, основанный на истирании волокон при помощи мокрого валика с тканевой обкладкой. Прочность образца определяется до и после нагрузки. Исходя из потери прочности и специфических данных испытания вычислена константа износа. Путем сравнения результатов этих испытаний с данными опытной носки показано, что константа износа позволяет получить информацию об эксплуатационных свойствах (устойчивости к истиранию) бельевых изделий. Результаты испытания хорошо воспроизводимы.

*Wet Abrasion of Rayon Fibres*

A new method for testing the wet abrasion of rayon fibres is presented that is based on abrading the fibre by means of a rotating roller covered with wet fabric and determining the strength of the sample before and after abrasion treatment. From the loss in strength and specific testing characteristics a deterioration parameter is calculated which, as shown by comparision with the results of wearing tests, allows to predict the serviceability (abrasion resistance) of washable fabrics. Good reproducibility of the results was obtained.

## *Einleitung*

Die Eignung textiler Bekleidung wird nach ihrem Gebrauchsverhalten — Gebrauchstüchtigkeit, Repräsentationsgüte und physiologische Eigenschaften — eingeschätzt, wenn man von ökonomischen Aspekten in diesem Zusammenhang absieht. In Ländern mit hohem Lebensstandard treten im allgemeinen die Ansprüche auf hohe Gebrauchstüchtigkeit, d. h. lange Lebensdauer, zugunsten der ständig steigenden Repräsentationsbedürfnisse und modischer Aspekte bei hinreichend guten physiologischen Eigenschaften der Bekleidung zurück. Das gilt besonders für Oberbekleidung. Jedoch gilt es nicht in dem Maße für Wäscheartikel, von denen — durch den periodischen Trag- und Waschprozeß und seine intensive mechanische Beanspruchung bedingt — eine gute Gebrauchstüchtigkeit verlangt wird. Trotz der vielfältigen Laborprüfverfahren, insbesondere Scheuerprüfungen an textilen Flächengebilden, ist eine korrekte Aussage über die Gebrauchstüchtigkeit textiler Bekleidung bis heute nur auf dem Wege des zeit- und kostenaufwendigen Tragversuchs möglich gewesen. Nur bei diesem Beurteilungsverfahren werden alle Einflußfaktoren, Konfektion, Veredlung, Gewebe- und Garngeometrie bis zum Faserstoff berücksichtigt. Den Chemiefaserstoffhersteller interessiert in erster Linie das zu erwartende Gebrauchsverhalten des *Faserstoffes*, unabhängig von nachfolgenden Verarbeitungseinflüssen. Daraus leitet sich das Bestreben ab, bereits am Faserstoff durch geeignete Prüfungen Aussagen über das zu erwartende Gebrauchsverhalten, im vorliegenden Falle die Gebrauchstüchtigkeit beim Einsatz in Wäscheartikeln, zu ermitteln. Die in dieser Arbeit durchgeführten Versuche beschränken sich auf Viskosefasern als den Fasertyp, der in der Palette der Chemiefaserstoffe im Einsatzgebiet Waschkleidung sowohl in Rein- als auch Mischverarbeitung noch stark vertreten ist.

## *1. Literatur über Faserscheuerverfahren*

Die in der Literatur beschriebenen Faserscheuerverfahren beschränken sich im allgemeinen auf Scheuerung im trockenen Zustand.

*Gonsalves* [1] führte seine Faserscheuerung nach dem Umschlingungsverfahren mit einer rotierenden diamantstaubbelegten (!) Welle durch. Mit Hilfe von Restfestigkeits- und Resttiterprüfungen nach der Scheuerbeanspruchung der Viskosefasern kommt er zu folgenden Feststellungen:

1. Die Bruchspannung der Faser ist über den Querschnitt nicht konstant (Mantel-Kern-Einfluß).
2. Der relative Festigkeitsverlust, bezogen auf die Querschnittsabnahme, hängt von der zwischen Faser und Reibkörper auftretenden Anpreßkraft ab.
3. Der Reibungskoeffizient zwischen Faser und Reibkörper ist eine Funktion der Anpreßkraft.

Die von ihm angegebene Formel ist unseres Erachtens für eine serienmäßige Auswertung sehr aufwendig.

*Winkler* [2] untersuchte die Scheuerverhältnisse am *Zart*schen Faserscheuerprüfer (Prüfprinzip: Faserscheuerung über einer mit Polyamidborsten längsbespannten rotierenden Welle nach dem Umschlingungsprinzip). Er kommt zu folgenden Ergebnissen:

1. Der Einfluß des Reibungskoeffizienten $\mu$ auf den Anpreßdruck wird ausgeschaltet, wenn die Reibkörperdrehrichtung entgegen der Kraftrichtung der am freien Faserende angehängten Vorspannmasse gewählt wird.
2. Bei verringertem Borstendurchmesser steigt der Anpreßdruck und damit die Verschleißgeschwindigkeit. Der Scheuerangriff wird von der Vorspannkraft, dem Borstendurchmesser und dem Scheuerweg bestimmt.
3. Die Polyamidborsten gewährleisten über längere Versuchszeiten keinen konstanten Scheuerangriff.
4. Die Verteilungsfunktion der Bruchzeiten ist überwiegend logarithmisch linear, mitunter auch logarithmisch *S*-förmig (vgl. *Sippel* [3]).

Die Versuchsdurchführung erfolgt bis zum Bruch der Fasern. Unter Voraussetzung einer logarithmisch-linearen Verteilung der Bruchzeiten kann der Versuch beendet werden, wenn 60% aller Fasern zerstört worden sind.

Das von *Bechlenberg* [4] entwickelte Universal-Prüfgerät für Faserscheuerung gestattet eine Längsscheuerung für Fasern mit Korundpapier.

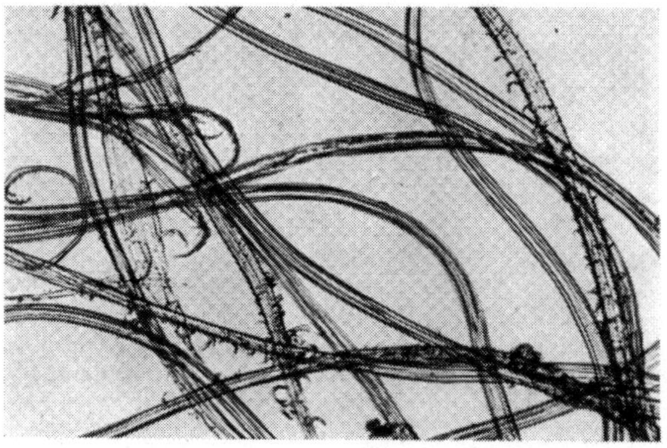

Bild 1. VIF bt A,
herauspräparierte Fasern aus Tragversuchsoberhemden

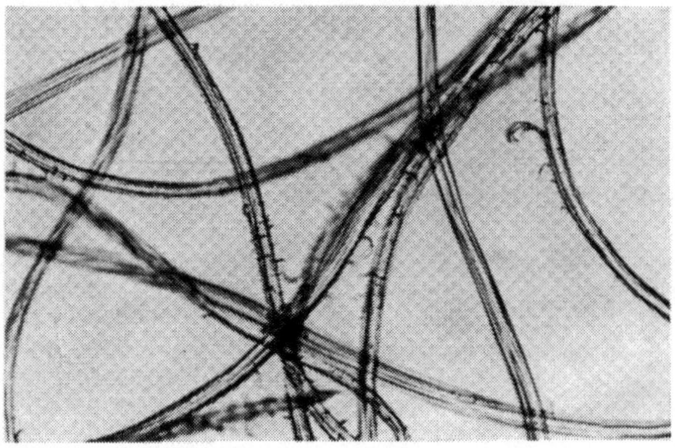

Bild 2. VIF bt B,
herauspräparierte Fasern aus Tragversuchsoberhemden

Das Längsscheuerprinzip wird auch von *Dillmann* [4] angewendet. Beide Verfahren prüfen die Fasern bis zum Bruch. Über die Konstanz des Reibkörpers wird nichts ausgesagt.

Weitere in der Literatur beschriebene Verfahren beanspruchen die Fasern komplex, z. B. das Schlingenscheuergerät von *Friedemann* [5], das die Faser einer Längsscheuerung mit überlagerter Biegung aussetzt.

Einem einzigen, nicht als Faserscheuerverfahren deklarierten Prinzip gelingt der Nachweis einer gewissen Korrelation zur Gebrauchstüchtigkeit von Viskosefasern. *Böhringer* [6] entwickelte die als „Splittrigkeitsprüfung" bekannt gewordene Gebrauchswertprüfung an Fasern. Er weist zwischen den damit erhaltenen Ergebnissen und denen von Tragversuchen an Oberhemden aus Viskosefasern eine relativ gute Korrelation aus. Der Aufsplitterungseffekt, d. h. die örtlich begrenzte Abspaltung fibrillärer Elemente an der Faseroberfläche, wurde zunächst erklärt als eine überwiegende Wirkung des Wassers beim Aufprall der in Rähmchen eingespannten, kreuzweise angeordneten Fasern auf die Wasseroberfläche. Erst spätere Untersuchungen von *Henkel* und *Schultheis* [7] wiesen nach, daß der gleiche Effekt durch eine Naßscheuerung von Faserbündeln gegeneinander ebenfalls auftritt. Somit kann mit hoher Wahrscheinlichkeit angenommen werden, daß im Falle der Splittrigkeitsprüfung weniger die auf die Fasern direkt einwirkenden Wasserkräfte, als vielmehr eine geringfügige Faserscheuerung an den Kreuzungspunkten der Fasern Ursache der Aufsplitterung und der dadurch entstehenden Schwachstellen sind.

In diesem Zusammenhang sei noch auf ein Verfahren zur Faserscheuerung in wäßrigen Suspensionen von staubförmigen Scheuermitteln bzw. nur in Flüssigkeiten hingewiesen, das von *Böhringer* [8, 9] entwickelt wurde.

Nach Auswertung der bekanntgewordenen Verfahren liegt die Problematik der Faserscheuerung

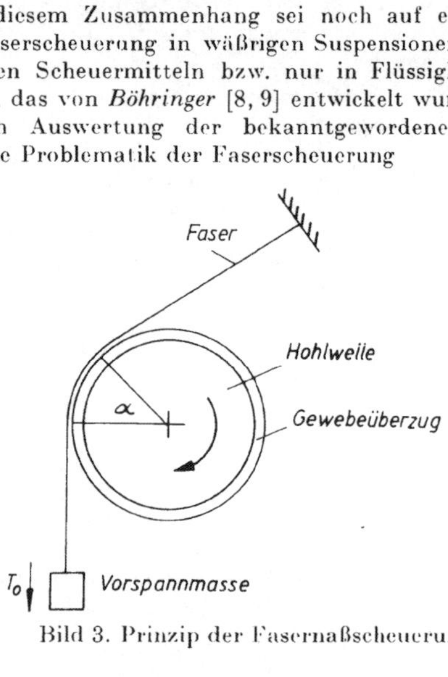


Bild 3. Prinzip der Fasernaßscheuerung

a) in der Wahl eines geeigneten Reibkörpers, der bei der Faserbeanspruchung die gleichen oder zumindest ähnliche Schädigungsmerkmale wie die in der praktischen Beanspruchung auftretenden Erscheinungsformen hervorruft. Auf diese Forderung gehen die Autoren der neueren Literatur nicht ein.

b) in der Unveränderlichkeit des Reibkörpers.
Sowohl *Gonsalves* (diamantstaubbelegter Reibkörper!) als auch *Winkler* (polyamidborstenbespannte Scheuerwelle) können den Nachweis einer konstanten Scheuerwirkung auf die zu prüfenden Fasern nicht erbringen.

c) in der Wahl der Auswertung (An- oder Durchscheuerung).

## 2. *Entwicklung eines Fasernaßscheuerverfahrens*

### 2.1. *Auswahl des Verfahrensprinzips*

Beim Studium der Verschleißerscheinungen an herauspräparierten Viskosefasern, die verschiedenen abgeschlossenen Oberhemdentragversuchsreihen entstammten, wurden fibrillare Aufsplitterungseffekte (Bild 1 und 2) festgestellt, die den unter [6] und [7] beschriebenen Erscheinungsformen ähnelten.

Als Beanspruchungsprinzip für das Laborprüfverfahren wurde das in der Literatur mehrfach beschriebene Prinzip der rotierenden Scheuerwelle mit Umschlingungsreibung der Faser unter Beachtung der von *Winkler* [2] erwähnten Gesichtspunkte ausgewählt (Bild 3).

Von den verschiedenen Scheuermitteln, die bei Trocken- und Naßscheuerung untersucht wurden (u. a. Schleifstein, sandgestrahltes Glas, Polyamidborste) bewirkte lediglich die Naßscheuerung der Viskosefaser gegen eine mit Viskoseseidengewebe bespannte Scheuerwelle einen fibrillaren Aufsplitterungseffekt, der den in der Praxis aufgetretenen Erscheinungsformen entsprach (vgl. Bilder 4 und 5). Polyamidborstenbespannte Scheuerkörper ergeben zwar ebenfalls fibrillare Absplitterungen, die jedoch im Gegensatz zur Viskoseseidengewebe-Scheuerwelle nicht mit den Erscheinungsformen der Praxis übereinstimmen.

Mit der Auswahl des Viskoseseidengewebes als Scheuermittel erhob sich sofort die Frage seiner Konstanz über lange Prüfzeiten. In diesem Zusammenhang wurde ein Modellversuch mit geschnittener Viskoseseide Nm 260 (380 mtex) als Probematerial nach der Durchscheuermethode vorgenommen. Nach Prüfungen von insgesamt 12 Gruppen zu je 50 Fasern, die zu unterschiedlichen Zeiten an zwei Geweben unterschiedlichen Zustandes (neu, bis zu 1600 bzw. 3500 Einzelprüfungen beansprucht) vorgenommen wurden, erwies eine Streuungsanalyse zwischen den Mittelwerten der einzelnen Gruppen (zu je 50 Fasern), daß Abweichungen der einzelnen Mittelwerte als zufällig zu betrachten sind. Dieses Ergebnis ist um so höher zu bewerten, als es mit zwei ver-

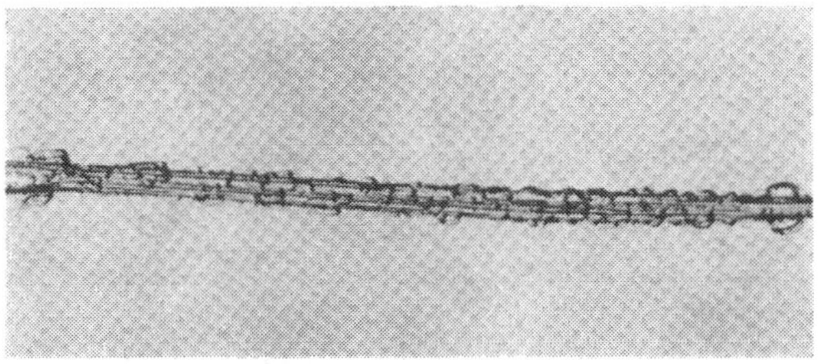

Bild 4. Fasernaßscheuerung an VIF bt A

Bild 5. Fasernaßscheuerung an VIF bt B

schiedenen Gewebebezügen unterschiedlicher Gebrauchsdauer erreicht worden ist. Damit dürfte der Nachweis für die Unveränderlichkeit des Viskoseseidengewebes als Scheuerkörper erbracht worden sein. Gegenüber der nachgewiesenen Inkonstanz des Zustandes weitaus härterer Scheuerkörper kann nur die Erklärung gegeben werden, daß nach eventueller Durchscheuerung einer Viskoseseidenkapillare im Gewebeverband sofort eine darunter liegende unbeanspruchte die Funktion der zerstörten übernimmt. Mikroskopische Untersuchungen von neuen und beanspruchten Scheuergeweben zeigten, daß dieser Prozeß sehr langsam vor sich geht.

### *2.2. Entwicklung der Prüfmethodik*

Unter Berücksichtigung meßmethodischer, statistischer und ökonomischer Aspekte wurde unter den zur Auswahl stehenden Methoden (Scheuerung der Faser bis zum Bruch, Anscheuerung mit anschließender Resttiterbestimmung) das Prinzip der Faserscheuerung mit sich anschließender Restfestigkeitsbestimmung ausgewählt.

In Vorversuchen (ebenfalls durchgeführt mit geschnittener Viskoseseide) wurden die Einflußfaktoren

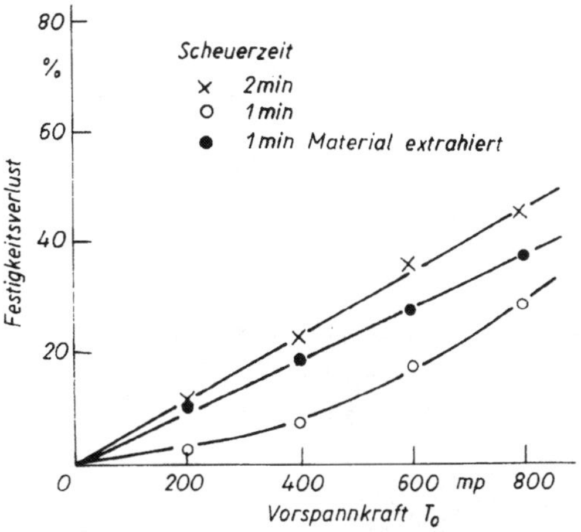


Bild 6. Festigkeitsverlust in Abhängigkeit von der Vorspannkraft

Vorspannkraft, Scheuerzeit (bzw. -weg) und Scheuergeschwindigkeit untersucht. Die wesentlichen Ergebnisse sind in den Bildern 6 bis 9 zusammengefaßt.

Die Linearität der Beziehung $\frac{\Delta P}{P_0} = f(T_0)$ (Bild 6) kann durch die Präparationsauflage bzw. durch vorzeitig gerissene Fasern geringfügig gestört werden. Diese Störfaktoren können durch Faserextraktion (wenn dadurch keine Rekristallisationsvorgänge zu erwarten sind!) bzw. geeignete Auswahl der maximalen Vorspannkraft beseitigt werden. Zwischen Scheuerzeit (bzw. -weg) und relativem Faserfestigkeitsverlust besteht im untersuchten Bereich ebenfalls eine hinreichende Linearität (Bild 7).

Gemäß Bild 8 ist erst bei Drehzahlen $n \geqq 400\ \text{min}^{-1}$ ($\triangleq$ 12,5 m/min) mit einer Konstanz des Scheuerangriffs auf die Faser zu rechnen. Die Ursache hierfür ist im für diese speziellen Bedingungen kontaktflächenabhängigen Reibungskoeffizienten zu suchen. Erst oberhalb dieser Gleitgeschwindigkeit strebt die durch die Wechselwirkung Oberflächenrauhigkeit (der Scheuerwelle) — Gleitgeschwindigkeit — Fasermassenträgheit beeinflußte Kontaktfläche einem konstanten Wert zu, der einem definierten Reibungskoeffizient zugeordnet ist. Für die Versuchsdurchführung empfehlen sich Gleitgeschwindigkeiten oberhalb des angegebenen Grenzwertes.

Die mathematische Fassung der experimentell gefundenen Gesetzmäßigkeiten ist einfach:

Aus Bild 6 ergibt sich folgende Gleichung:

$$\frac{\Delta P}{P_0} \cdot 100 = m_1(s) \cdot T_0, \tag{1}$$

$m_1(s)$ Richtungsfaktor, abhängig vom Scheuerweg $s$.

Aus Bild 7 leitet sich ab:

$$\frac{\Delta P}{P_0} \cdot 100 = m_2(T_0) \cdot s, \tag{2}$$

$m_2(T_0)$ Richtungsfaktor, abhängig von der Vorspannkraft $T_0$.

Die Funktion $m_2(T_0)$ kann leicht aus der Geradenschar des Bildes 7 für verschiedene $T_0$ entnommen

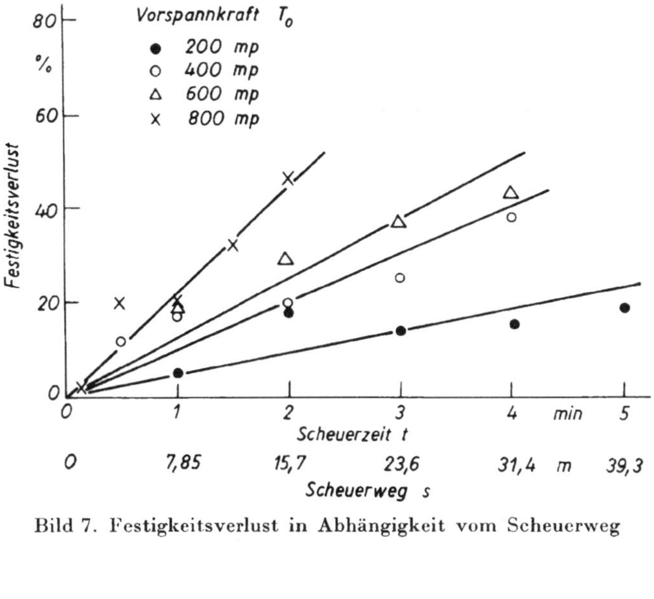


Bild 7. Festigkeitsverlust in Abhängigkeit vom Scheuerweg

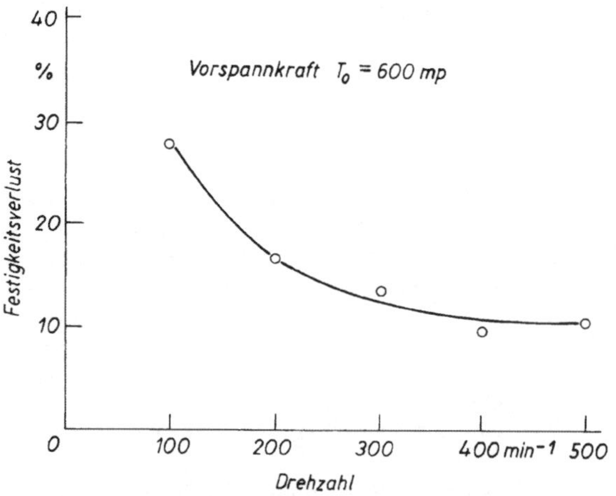


Bild 8. Festigkeitsverlust in Abhängigkeit von der Drehzahl der Scheuerwelle

werden (vgl. Bild 9):

$$T_0 = K_{SF} \cdot m_2,$$

$$m_2 = \frac{T_0}{K_{SF}}. \qquad (3)$$

Gleichung (3) in Gleichung (2) eingesetzt, ergibt

$$T_0 \cdot s = K_{SF} \cdot \frac{\Delta P}{P_0} \cdot 100, \qquad (4)$$

$T_0$ [mp] Vorspannkraft, $s$ [m] Scheuerweg.

Der Festigkeitsverlust $\frac{\Delta P}{P_0}$ charakterisiert den durch das Anscheuern ($T_0 \cdot s$) verursachten Substanzverlust der Faser. Der Faktor $K_{SF}$ kann als *spezifische Verschleißgeschwindigkeitskonstante* für den Verschleißprozeß von Viskoseregeneratfasern im nassen Zustand angesehen werden:

$$K_{SF} = \frac{T_0 \cdot s}{\frac{\Delta P}{P_0} \cdot 100} \left[\frac{\text{mp} \cdot \text{m}}{\%\ \text{Festigkeitsverlust}}\right]. \qquad (4a)$$

Diese Konstante gibt an, welche (Normal-)Kraft man über einen vorgegebenen Scheuerweg wirken lassen muß, um 1% Faserfestigkeitsverlust zu bewirken. Hierbei sind die Vorspannkraft $T_0$ und der Scheuerweg in relativ weiten Grenzen, angepaßt dem jeweiligen Fasertyp, frei wählbar.

Eine Fehlerabschätzung nach dem Gaußschen Fehlerfortpflanzungsgesetz

$$K_{SF} = \sqrt{\left(\Delta T_0 \cdot \frac{s}{\frac{\Delta P}{P_0} 100}\right)^2 + \left(\Delta s \cdot \frac{T_0}{\frac{\Delta P}{P_0} 100}\right)^2 + \cdots \left[\Delta\left(\frac{\Delta P}{P_0} \cdot 100\right) \cdot s \cdot T_0 \cdot \ln\left(\frac{\Delta P}{P_0} \cdot 100\right)\right]^2} \qquad (5)$$

liefert für den dritten Klammerausdruck mit $\Delta\left(\frac{\Delta P}{P_0} \cdot 100\right)$ als Vertrauensbereich der Restfestigkeitsprüfung den gewichtigsten Fehleranteil. $\Delta T_0$ als auch $\Delta s$ sind gemäß den meßtechnischen Bedingungen zu vernachlässigen.

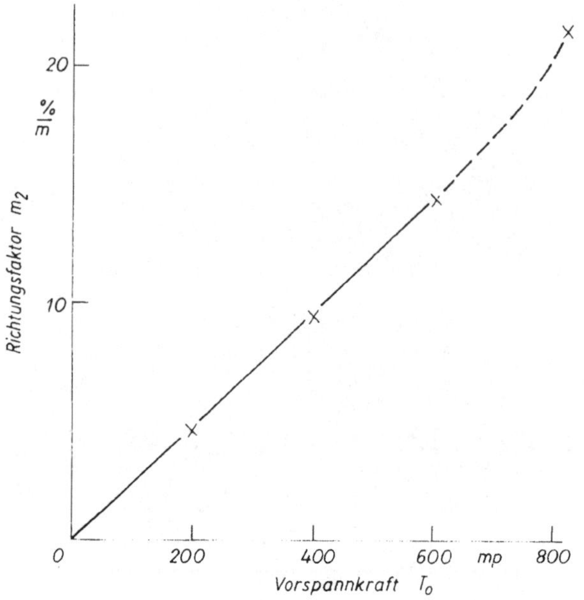


Bild 9. Richtungsfaktor $m_2$ in Abhängigkeit von der Vorspannkraft

*2.3. Beschreibung des Prüfgerätes*

Der erfolgreiche Abschluß der methodischen Untersuchungen führte zum Bau eines für Serienuntersuchungen geeigneten Fasernaßscheuergerätes (Bild 10) mit folgenden Merkmalen:

Anzahl der Proben:
- 20 (jeweils mit Vorspannmassestück behaftet),
- Mindestfaserlänge: 32 mm.

Scheuerwelle: Durchmesser 10 mm,
- Belag: VIS Schlauchgewebe,
- Befeuchtung: durch Wasservorrat im Innern der Hohlwelle,
- Drehzahl: $n$ = 100, 200, 300, 400, 500 min⁻¹ ± 5% (Drehrichtungswechsel möglich),
- Changierhub: 1 cm,
- Changiergeschwindigkeit: 1 cm/min.

Meßtechnische Ausstattung: Umdrehungszählwerk mit Voreinstellung,
- Winkelmessung des gewählten Umschlingungswinkels ($\alpha$ = 0 bis 150°),
- Selbsttätige Abschaltung bei Bruch einer Faser.

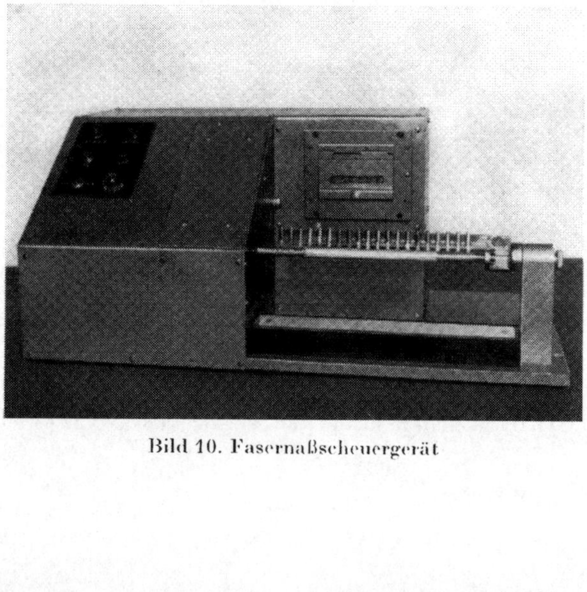

Bild 10. Fasernaßscheuergerät

### 3. *Prüfergebnisse*

Zur Erhärtung der methodischen Untersuchungen seien abschließend noch einige Prüfergebnisse an verschiedenen Viskosefasertypen mitgeteilt und diese in Beziehung zu Tragversuchsergebnissen gesetzt.

Prüfbedingungen:

Vorspannkraft: $T_0 = 200$ mp,
Scheuerwellendrehzahl: $n = 400$ U/min
(Drehrichtung $T_0 > T_1$),
Zahl der Umdrehungen: 50...200,
Umschlingungswinkel: $\alpha = 45°$,
Zahl der Einzelfasern je Versuch: $N = 200$.

Die Prüfbedingungen wurden durch einen Vorversuch so ausgewählt, daß der Anscheuerungsvorgang Faserbrüche mit Sicherheit vermeidet. Jeder Faserbruch stört die Linearität der gefundenen Beziehungen, auch wenn er mit der Vorspannkraft $T_0$ als Reißkraft berücksichtigt würde. Die Ursache hierfür dürfte darin zu suchen sein, daß bei zu weit fortschreitender Anscheuerung einer Faser mit Mantel-Kern-Struktur der Kern ebenfalls angegriffen wird. Dieser besitzt jedoch eine andere Zugfestigkeit als der Fasermantel.

Die Benetzung der Fasern erfolgt erst nach angehängtem Vorspannmassestück durch die nasse Scheuerwelle. Der Netzvorgang wird durch das Bestreichen der Fasern mit einem wassergetränkten (aqua dest.) Pinsel unterstützt. Der im Moment des Netzens einsetzende Quellvorgang ist nach ca. 15 bis 20 s beendet, wie mikroskopische Untersuchungen gezeigt haben. Die Auswertung erfolgte gemäß Gleichung (4a). Die Bestimmung der oberen (unteren) Vertrauensgrenzen $\bar{x}_0(\bar{x}_u)$ der Verschleißkonstanten wurde unter Zugrundelegung der oberen (unteren) Vertrauensgrenzen der Ausgangs- und Restreißkraftprüfungen vorgenommen.

Die Ergebnisse werden in Tabelle 1 wiedergegeben und den Schadenswerten aus Tragversuchen an Oberhemden gegenübergestellt.

Bei dem Vergleich der Meßwerte erkennt man, daß sich hinsichtlich der Gebrauchstüchtigkeit (Schadenswert) und der korrelierenden Verschleißkonstanten $K_{SF}$ drei Gruppen herauskristallisieren:

*Tabelle 1. Fasernaßscheuerkonstante $K_{SF}$ und Schadenswert SW von verschiedenen VIF-bt-Provenienzen*

| VIF-Provenienz | $K_{SF}$ $\bar{x}$ | $\left[\frac{\text{mpm}}{\%}\right]$ $\bar{x}_o$ | $\bar{x}_u$ | Schadenswert n. 32 Trag-perioden |
|---|---|---|---|---|
| Modalfaser C (Polynosic) | 5 (8) | 5 | 5 | 434 (8) |
| Modalfaser D (HWM) | 16 (7) | 17 | 15,5 | 290 (4,5) |
| Modalfaser E (HWM) | 25 (6) | 27 | 23 | 355 (7) |
| Modalfaser F (HWM) | 41 (4,5) | 44 | 38 | 291 (4,5) |
| Modalfaser G (HWM) | 42 (4,5) | 48 | 37 | 349 (6) |
| Hochnaßfestfaser H | 160 (3) | 377 | 100 | 172 (2) |
| Hochnaßfestfaser I | 172 (2) | 200 | 151 | 149 (1) |
| Hochnaßfestfaser J | 1638 (1) | 3425 | 1077 | 222 (3) |
| REGAN-Faser K | 26 | 31 | 22 | 334 |
| REGAN-Faser L | 25 | 30 | 22 | — |
| Viskosefaser M | 12 | 13 | 11 | — |
| Viskosefaser N | 17 | 21 | 14 | — |
| Viskosefaser O | 22 | 24 | 20 | — |
| ( ) = Rangziffer | | | | |

a) die Polynosicfaser mit hohem Schadenswert und niedriger Verschleißkonstante,
b) die High-Wet-Modulus- und Normalfasertypen mit mittleren Schadenswerten und mittleren Verschleißkonstanten,
c) die Hochnaßfestfasern mit niedrigen Schadenswerten[1]) und hohen Verschleißkonstanten.

Der zwischen den gegenübergestellten Meßwerten ermittelte *Spearman*sche Rangkorrelationskoeffizient $\varrho = 0{,}83$[2]) erhärtet den guten Zusammenhang. Er ist, mit $S \approx 99\%$ gesichert, mehr als zufällig von 0 verschieden.

Der gezeigte Zusammenhang zwischen Schadenswert und Verschleißkonstante besitzt einen annähernd hyperbolischen Verlauf im untersuchten Bereich, wie Bild 11 zeigt.

Für die Beurteilung bzw. Voraussage der Gebrauchstüchtigkeit bei Wäscheartikeln wird die in Tabelle 2 angegebene Dreiteilung als Grobeinstufung vorgeschlagen.

Die mit dieser Methode möglichen Voraussagen der Gebrauchstüchtigkeit von Wäscheartikeln aus Viskosefasern gelten zunächst nur für solche in Reinverarbeitung. Im Gewebe aufgebrachte Hochveredlungsprodukte verringern die Gebrauchstüchtigkeit der Erzeugnisse. Die Relativaussage wird, sofern gleiche Ausrüstungsverfahren angewandt werden, nicht gestört (die in Tabelle 1 angegebenen Tragversuchsergebnisse entstammen hochveredelten Oberhemden).

Bei Mischverarbeitung von Viskosefasern mit Bw oder Synthesefasern dürfte sich die an Viskosefasern

[1]) Um vor einer Überbewertung der Hochnaßfestfasern hinsichtlich ihres (globalen) Gebrauchsverhaltens in Bekleidungstextilien zu warnen, sei auf die ungenügende Maßbeständigkeit und Alkalibeständigkeit hingewiesen.
[2]) $\varrho = 0{,}78$ unter Einbeziehung der REGAN-Faser K.

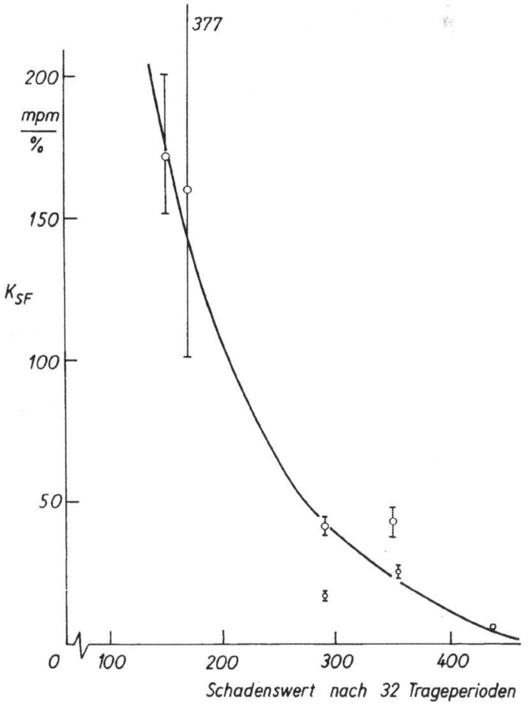


Bild 11. Verschleißkonstanten in Gegenüberstellung zum Schadenswert bei Herrenoberhemden

*Tabelle 2. Grobeinstufung der Gebrauchstüchtigkeit bei Wäscheartikeln*

| $K_{SF}$ [mpm/%] | Naßscheuerwiderstand bzw. zu erwartende Gebrauchstüchtigkeit in Wäscheartikeln | Bemerkungen |
|---|---|---|
| ≦15 | schlecht | bes. bei Polynosictypen |
| 15...50 | normal | bes. bei HWM- und VIF-Normaltypen |
| ≧100 | gut | bes. bei Hochnaßfesttypen |

getroffene Voraussage für die Gebrauchstüchtigkeit des Erzeugnisses im Verhältnis des (in der Regel überwiegenden) Fremdfaseranteils abschwächen.

### 4. Zusammenfassung

In der Arbeit wird ein neues Naßscheuerverfahren für Viskosefasern beschrieben. Das Wesentliche dieses neuen Prüfverfahrens besteht darin, daß es, auf dem Prinzip der Umschlingungsreibung beruhend, eine mit Viskoseseidengewebe bespannte Scheuerwelle besitzt. Die Unveränderlichkeit des Scheuerkörpers konnte nachgewiesen werden. Aus der Faserreißkraft vor und nach dem Anscheuern, dem Scheuerweg und der Faserbelastung (= Normalkraft) wird eine Verschleißkonstante berechnet. Diese Verschleißkonstante ermöglicht eine gute Voraussage der Gebrauchstüchtigkeit von waschbaren Bekleidungstextilien aus Viskosefasern. Zwischen Schadenswerten, ermittelt in Tragversuchen an Oberhemden, und der Verschleißkonstanten wurde eine gute Rangkorrelation gefunden. Der funktionale Zusammenhang zwischen beiden Meßgrößen ähnelt einer Hyperbelfunktion.

Die mit der Entwicklung dieser Prüfmethode verbundenen Vorarbeiten und Versuche erforderten ein großes Einfühlungsvermögen in die Materie. Für die äußerst sorgfältige Versuchsbeobachtung und -durchführung sowie für viele Anregungen, die sich daraus ergaben, sei Frl. *Marianne Schultheis* an dieser Stelle besonders herzlich gedankt.

### Literatur

[1] *Gonsalves, V. E.:* Theoretical considerations and measurements with regard to the longitudinal abrasion of rayon filaments. Textile Res. J. **20** (1950) S. 28—42.
[2] *Winkler, F.:* Scheuerprüfung an Einzelfasern. Faserforsch. u. Textiltechnik **7** (1956) S. 73—80.
[3] *Sippel, A.,* und *Heim, E.:* Auswertung textiler Meßwertkollektive. Z. ges. Textilind. **64** (1962) 1, S. 6—14.
[4] *Siebel, E.:* Handbuch für Werkstoffprüfung, Bd. 5, 2. Aufl. Berlin/Göttingen/Heidelberg: Springer 1960. S. 1046.
[5] *Friedemann, W.:* Dynamische Einzelfaserprüfmethoden. Dt. Textiltechnik **7** (1957) 1/2, S. 158—167.
[6] *Böhringer, H.:* Textile Gebrauchswertprüfung. Berlin: Akademie-Verlag 1955.
[7] *Henkel, H.,* und *Schultheis, M.:* Bericht über den Mechanismus der Splittrigkeitsprüfung an Fasern. ITC, unveröffentlicht 1959.
[8] DRP 746464: Verfahren zum Bestimmen der Scheuerfestigkeit von Einzelfasern.
[9] DWP 4382: Verfahren zur Ermittlung der Scheuerfestigkeit von Einzelfasern
[10] *Zart, A.:* Scheuerprüfung an Fasern. Textil-Praxis **6** (1951) 10, S. 752—753.
[11] *Böhringer, H.:* Gebrauchswertprüfung an Zellwollen. Kunstseide u. Zellwolle **8** (1948) S. 162—169.
[12] *Böhringer, H.:* Über die mechanisch-technologische Beurteilung von Kunstseidenschlichten. Dissertation Technische Hochschule Dresden 1929, S. 28—37.

*Eingegangen am 6. Mai 1968*

# Bestimmung periodischer Masseschwankungen in Chemieseiden

## Teil I: Das Wellenlängenspektrum

*Karlheinz Geitel*[1])
*132. Mitteilung aus dem Institut für Textiltechnologie der Chemiefasern, Rudolstadt (Direktor: Dipl.-Ing. H. Bürger)*

DK 677.4—042.2:677.4.061.382:620.172.2:535.12.08

Die Erkennung und Deutung von periodischen Masseschwankungen ist Voraussetzung für die Verbesserung der Gleichmäßigkeit der Chemieseiden. Nach einer kurzen Behandlung der theoretischen Grundlagen des Spektrums werden die Möglichkeiten und Grenzen des Uster-Spektrographen untersucht. Hinweise auf eine verbesserte Auswertung der Spektrogramme werden gegeben. Die gewonnenen Erkenntnisse werden bei der Ermittlung periodischer Masseschwankungen in Chemieseiden angewendet. Die wichtigsten Entstehungsursachen periodischer Masseschwankungen werden anhand zahlreicher Beispiele erörtert.

*Определение периодических колебаний массы химических филаментных нитей*
*Часть I: Спектр длины волн*

Распознавание и интерпретация периодических колебаний массы являются необходимым условием для улучшения равномерности химических филаментных нитей. После краткого рассмотрения теоретических основ спектра изучены возможности и границы спектрографа „Устер". Приведены данные об усовершенствовании интерпретации спектрограмм. Полученная информация применена для определения периодических колебаний массы химических филаментных нитей. На основе многочисленных примеров обсуждены основные причины возникновения периодических колебаний массы.

*Determination of Periodic Changes in Weight along Man-Made Filaments*
*Part I. The Wave length Spectrum*

The identification and interpretation of periodic changes in weight are necessary prerequisites for improving the regularity of man-made filaments. After outlining the theoretical principles of the spectrum the advantages and limitations of the Uster spectrograph as well as possible improvements in evaluating the spectrograms are discussed. The conclusions arrived at are applyed in experiments performed to determine the changes in weight of man-made filaments, the causes of these changes being illustrated by numerous examples.

[1]) Gekürzte Fassung des am Institut für Textiltechnik (Direktor: Prof. Dr. Ing. habil. *W. Bobeth*) der TU Dresden eingereichten „Großen Belegs".

## 1. Einleitung

Unter den Eigenschaften textiler Fäden stellt die Feinheit oder die Masse pro Längeneinheit ein wichtiges Gütemerkmal dar. Mehr als bei anderen Eigenschaften ist es bei dieser von Bedeutung, neben dem Mittelwert die Schwankung des Merkmals um den Mittelwert zu erfassen. Das dafür herausgebildete Prüfverfahren wird kurz als Gleichmäßigkeitsprüfung bezeichnet. Für die Bestimmung der Gleichmäßigkeit der Fadenstärke am laufenden Faden wurden zahlreiche Geräte auf den Markt gebracht, die in Abhängigkeit von der Fadenlänge eine kurvenmäßige Darstellung des Verlaufs der gemessenen Größe (z. B. Masse, Durchmesser) liefern. Zur genauen Beurteilung eines Materials reicht jedoch eine visuelle Betrachtung und allgemeine Einschätzung der Kurven nicht aus, ja, vielfach genügt es auch nicht, den durch Auswertung der Kurven oder durch Anwendung spezieller Auswertegeräte gewonnenen Variationskoeffizienten (bzw. die Ungleichmäßigkeit) anzugeben. Es fand die umfassendere Charakterisierung der Fadengleichmäßigkeit in Form der Längenvariationskurve in der Textilforschung und auch in der Praxis der Betriebe Eingang. Daneben gewannen zwei andere, der Längenvariationskurve äquivalente statistische Kenngrößen, die Autokorrelationsfunktion und das Spektrum, in letzter Zeit mehr und mehr an Interesse.

Von diesen drei im Sinne der reinen Mathematik äquivalenten Kennfunktionen ist nach *Giesekus* [1] die Autokorrelationsfunktion oder kurz das Autokorrelogramm die für die Charakterisierung der Fadenungleichmäßigkeit unmittelbarste und anschaulichste Kennfunktion. Diese und das Spektrum liefern wesentlich spezifischere Kurven als die Längenvariationsfunktion, bei der es meist nicht möglich ist, Überlagerungen verschiedener Einflüsse zu trennen.

Die Erkenntnis, daß es nicht genügt, die vorhandenen Ungleichmäßigkeiten lediglich anzuzeigen, sondern daß es weit wichtiger ist, deren Ursachen zu ermitteln, führte zur Entwicklung der erforderlichen Geräte bzw. Zusatzgeräte, um die für diesen Zweck geeigneten Kenngrößen aufzunehmen. Ein Beispiel dafür ist die Entwicklung des Spektrographen zum Uster-Gleichmäßigkeitsprüfgerät. Das vom Spektrographen gelieferte Wellenlängenspektrum der Masseschwankungen im Faden — auch mit Spektrogramm bezeichnet — dient dazu, die Intensität periodischer Masseschwankungen, aufgeschlüsselt nach ihrer Wellenlänge, anzugeben. Damit können bei Kenntnis der Parameter eines technologischen Prozesses die im Faden vorhandenen Ungleichmäßigkeiten auf ihre Entstehungsursache bzw. ihren Entstehungsort hin untersucht werden und die zu ihrer Verhinderung eingeleiteten Maßnahmen auf ihre Wirksamkeit kontrolliert werden.

## 2. Theoretische Grundlagen

Unter dem Begriff Spektrum findet man in der Literatur in Verallgemeinerung der bekannten Erscheinung bei der

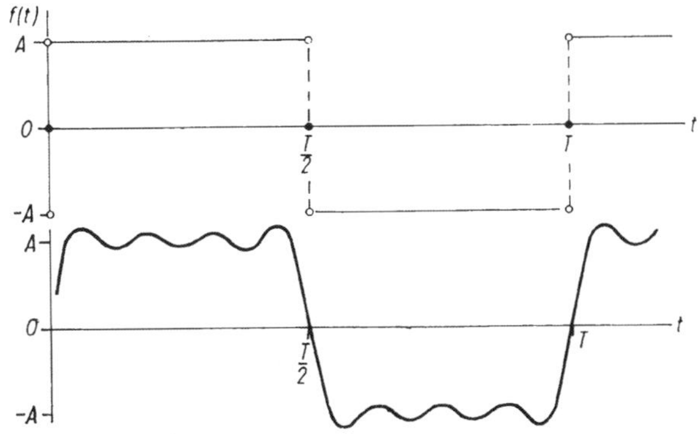


Bild 1. *Fourier*-Entwicklung einer Rechteckkurve

Zerlegung des Lichts verschiedene, allerdings einander ähnliche oder identische mathematische Formulierungen. Man unterscheidet im einzelnen Linienspektrum und kontinuierliches Spektrum, Amplitudenspektrum und Intensitätsspektrum, Frequenz- und Wellenlängenspektrum und kann durch die Wahl der Darstellungsart noch weitere Unterscheidungen treffen.

Das Spektrum stellt eine Erweiterung der Fourierentwicklung einer periodischen Funktion dar. Die für die Entwicklung einer im Intervall $[0\ T]$ periodischen Funktion $f(t)$ zu berechnenden Fourierkoeffizienten lauten

$$a_0 = \frac{1}{T} \int_0^T f(t)\, dt,$$

$$a_\nu = \frac{2}{T} \int_0^T f(t) \cos \frac{2 \cdot \pi}{T} \nu t\, dt \quad \nu = 1, 2, 3 \ldots, \tag{1}$$

$$b_\nu = \frac{2}{T} \int_0^T f(t) \sin \frac{2 \cdot \pi}{T} \nu t\, dt.$$

Mit ihnen läßt sich jede stückweise glatte[2]), periodische Funktion in der folgenden Form darstellen [2]:

$$f(t) = a_0 + \sum_{\nu=1}^{\infty} \left( a_\nu \cos \frac{2\pi \nu t}{T} + b_\nu \sin \frac{2\pi \nu t}{T} \right). \tag{2}$$

Die Beziehung (2) ist die allgemeine Form der *Fourier*-Reihe. Beispiel: Die im Intervall $0 \leqq t \leqq T$ definierte Funktion

$$f(t) = 0 \qquad \text{für } t = 0, \frac{T}{2}, T$$

$$f(t) = A \qquad 0 < t < \frac{T}{2}$$

$$f(t) = -A \qquad \frac{T}{2} < t < T$$

nimmt als Reihe entwickelt folgende Gestalt an

$$f(t) = \frac{4A}{\pi} \left[ \sin \omega t + \frac{1}{3} \sin 3\omega t + \frac{1}{5} \sin 5\omega t + \cdots \right], \tag{3}$$

wobei abkürzend geschrieben wurde $\omega = \frac{2\pi}{T}$. In diesem Beispiel ergibt sich wegen $a_0 = 0$ und $a_\nu = 0$ (weil $f(t)$ eine ungerade Funktion ist) ein einfacher Ausdruck. Außerdem werden die Glieder $b_\nu$ für positives $\nu$ Null.

Die in (3) vorkommenden Glieder mit ganzzahlig vielfacher Frequenz der Grundschwingung sind die harmonischen Schwingungen der Grundschwingung, auf deren Bedeutung im Verlauf der Arbeit noch verwiesen wird.

In Bild 1 ist die vorgelegte Funktion und ihre Entwicklung unter Verwendung der ersten vier Glieder dargestellt. Die Annäherung an die vorgelegte Funktion wächst mit der Zahl der verwendeten Glieder.

[2]) Eine Funktion heißt glatt, wenn sie eine stetige Ableitung besitzt.

Bei der *Fourier*-Analyse und bei der Aufnahme des Spektrums liegt nun die umgekehrte Fragestellung vor: eine beliebige, vorgelegte Zeitfunktion soll in ihre Elemente, d. h. in Sinusschwingungen verschiedener Amplitude und Frequenz bzw. Wellenlänge, aufgeschlüsselt werden. Die geometrische Addition der unter (1) definierten Koeffizienten liefert die als Intensitätsspektrum bezeichnete Folge

$$c_\nu^2 = a_\nu^2 + b_\nu^2, \qquad (\nu = 1, 2, 3, \ldots), \tag{4}$$

aus der durch Radizieren das Amplitudenspektrum hervorgeht.

$$c_\nu = \sqrt{a_\nu^2 + b_\nu^2} \qquad (\nu = 1, 2, 3 \ldots). \tag{5}$$

Da vom Uster-Spektrographen ein Amplitudenspektrum geliefert wird, soll im weiteren Verlauf diese Darstellungsart benutzt werden. Die mathematischen Ableitungen dieses Abschnitts sind [3] entnommen. Das unter (5) — und Entsprechendes gilt für (4) — angegebene Spektrum ist die mathematische Folge der Amplituden aller derjenigen Frequenzen, die sich als das ganzzahlige Vielfache aus der durch das Integrationsintervall $T$ festgelegten Grundfrequenz $\frac{2\pi}{T}$ ergeben. Bei der Darstellung der Amplituden über der Frequenz erhält man in Ordinatenrichtung aufragende diskrete Linien, deren Dichte mit zunehmender Größe von $T$ wächst. Diese Art des Spektrums wird daher als Linienspektrum oder diskontinuierliches Spektrum bezeichnet.

Für die (4) und (5) entsprechenden kontinuierlichen Spektren, die für die folgenden Betrachtungen benötigt werden, gibt *Stumpff* [3] die stetigen Funktionen an, die er im engeren Sinn als Periodogramm bezeichnet:

$$c_\omega^2 = a_\omega^2 + b_\omega^2, \tag{6}$$

$$c_\omega = \sqrt{a_\omega^2 + b_\omega^2}. \tag{7}$$

Für die Koeffizienten $a_\omega$ und $b_\omega$ gelten die Beziehungen

$$a_\omega = \frac{2}{T} \int_0^T f(t) \cos \omega t \, dt \qquad (0 < \omega < \infty), \tag{8}$$

$$b_\omega = \frac{2}{T} \int_0^T f(t) \sin \omega t \, dt.$$

Beispiel:

Für die einfache Sinusschwingung beliebiger Frequenz $f(t) = A \sin (\alpha t + \beta)$, die im Intervall $[0\ T]$ beobachtet wurde, ergibt sich mit den Beziehungen (6) und (8):

$$c_\omega^2 = A^2 [P_\omega^2 + Q_\omega^2 - 2 P_\omega Q_\omega \cos (\alpha T + 2\beta)] \tag{9}$$

mit

$$P_\omega = \frac{\sin (\alpha - \omega) \frac{T}{2}}{(\alpha - \omega) \frac{T}{2}} \quad \text{und} \quad Q_\omega = \frac{\sin (\alpha + \omega) \frac{T}{2}}{(\alpha + \omega) \frac{T}{2}}. \tag{10}$$

In der Nähe des sich für die Stelle $\omega = \alpha$ im Spektrum ausbildenden Hauptmaximums gilt näherungsweise

$$c_\omega \approx A \left| \frac{\sin (\alpha - \omega) \frac{T}{2}}{(\alpha - \omega) \frac{T}{2}} \right| = A \, |P_\omega|, \tag{11}$$

eine verhältnismäßig einfache Funktion, die im weiteren Verlauf der Arbeit zum Vergleich mit dem Spektrogramm des Uster-Eichfilms herangezogen wird.

In Bild 2 ist das Amplitudenspektrum (11) der Funktion $f(t) = A \sin (\alpha t + \beta)$ für $A = 1$ cm, $\alpha = 5$ Hz und verschiedene $T$ dargestellt.

Das Spektrum der vorgegebenen Sinusschwingung ist gekennzeichnet durch ein Hauptmaximum an der Stelle $\omega = \alpha$ und zu beiden Seiten liegenden Nebenmaxima, die auch als unechte Periodizitäten bezeichnet werden.

Die Bestimmung der Lage der Nebenmaxima führt auf eine transzendente Gleichung, auf deren Wiedergabe hier verzichtet wird. Es soll nur festgehalten werden, daß die Nullstellen an den Stellen

$$\omega(\pm k) = \alpha \pm \frac{2\pi}{T} k \quad \text{mit} \quad k = 1, 2, 3, \ldots) \tag{12}$$

zu finden sind und der $k$te Extremwert zwischen der $k$ten und $(k+1)$ten Nullstelle liegt. Für den Betrag der Nebenextrema, der vom Hauptmaximum nach beiden Seiten hin hyperbolisch abnimmt, gilt die Abschätzung

$$|P_{\text{extr.}, k}| < \frac{1}{\pi \cdot k}. \tag{13}$$

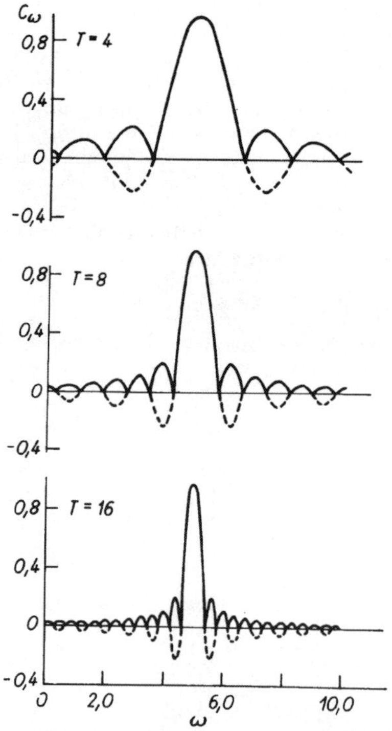


Bild 2. Spektrum der Sinusfunktion bei unterschiedlichem Beobachtungsintervall

Das Hauptmaximum tritt um so schärfer hervor, je größer das Beobachtungsintervall $T$ ist. Als Maß dafür gilt der Abstand der dem Hauptmaximum links und rechts benachbarten Nullstellen

$$\omega_1 - \omega_{-1} = \frac{4\pi}{T}, \qquad (14)$$

der mit wachsendem $T$ abnimmt. Das Auflösungsvermögen des Spektrums, d. h. die Möglichkeit, zwei benachbarte Schwingungen noch getrennt wahrnehmen zu können, wächst also mit zunehmender Länge von $T$.

### 3. *Funktionsprinzip des Spektrographen* [4]

Der Uster-Spektrograph ist ein Zusatzgerät zur Uster-Gleichmäßigkeits-Prüfanlage, das automatisch die im Masseschwankungsverlauf enthaltenen periodischen Schwankungen analysiert und in Form eines Wellenlängenspektrums, des sogenannten Uster-Spektrogramms, aufzeichnet. In diesem sind die den Amplituden der periodischen Schwankungen proportionalen Werte über dem Logarithmus der entsprechenden Wellenlänge aufgetragen. Die Erfassung der periodischen Schwankungen erfolgt in einem Frequenzbereich von 0,15 bis 10 Hz, und zwar auf 30 Frequenzbändern (Kanäle) von je etwa 15% relativer Bandbreite. Je nach der benutzten Fadengeschwindigkeit werden verschiedene Wellenlängenbereiche erfaßt. In Tabelle 1 sind die erfaßbaren Wellenlängen in Abhängigckit von der Fadengeschwindigkeit $v$ wiedergegeben, wobei die Angaben der Herstellerfirma Zellweger/Uster für die mit einer Schnellabzugsvorrichtung zu erzielenden Fadengeschwindigkeiten ergänzt wurden.

Die Berechnung der Wellenlängen erfolgt nach der Beziehung

$$\lambda = \frac{v}{f}, \qquad (15)$$

in der $f$ die Frequenz bedeutet. In jedem der 30 Kanäle des Geräts erfolgt für die jeweilige mittlere Frequenz die Bestimmung der Koeffizienten $a_{\omega,i}$ und $b_{\omega,i}$, wobei der zweite Index die laufende Nummer der Kanäle anzeigt. Es handelt sich also im Gegensatz zu den in (8) definierten Koeffizienten um Koeffizienten diskreter Frequenzen. Durch bestimmte Maßnahmen wird jedoch erreicht, daß ein kontinuierliches Spektrum dargestellt wird.

So ist z. B. die Integrationszeit $T$ nicht konstant, sondern von der Schwingungsdauer abhängig. Sie beträgt aus unten genannten Gründen das Fünffache der Schwingungsdauer der jeweiligen Analysierschwingung. $a_{\omega,i}$ und $b_{\omega,i}$ werden geometrisch addiert zum Koeffizienten $c_{\omega,i}$. Von diesem wird über die gesamte Analysierzeit der Mittelwert $\bar{c}_{\omega,i}$ gebildet. Der kurz umrissene Vorgang wird vom Spektrographen in den folgenden vier Stufen durchgeführt:

#### 3.1. *Multiplikation der zu analysierenden Funktion mit* $\sin \omega t$ *bzw.* $\cos \omega t$.

Zur Berechnung des Koeffizienten $a_{\omega,i}$ und $b_{\omega,i}$ müßte gemäß (8) die der vorgelegten Funktion entsprechende Spannung $U = f(t)$ einmal mit $\cos \omega t$, zum anderen mit $\sin \omega t$ multipliziert werden. Stattdessen erfolgt durch Umpolung der Funktion $U = f(t)$ eine Multiplikation der vorgelegten Funktion mit den in Bild 3 gezeigten Rechteckimpulsfunktionen.

*Tabelle 1. Erfaßbare Wellenlängen in Abhängigkeit von der Fadenabzugsgeschwindigkeit*

| Fadengeschwindigkeit $v$ [m/min] | 8 | 25 | 50 | 100 | 500 | 1000 |
|---|---|---|---|---|---|---|
| Erfaßbarer Wellenlängenbereich | | | | | | |
| von $\lambda_{min}$ [m] | (0,015) | 0,045 | 0,09 | 0,18 | 0,9 | 1,8 |
| bis $\lambda_{max}$ [m] | 0,8 | 2,5 | 5 | 10 | 50 | 100 |

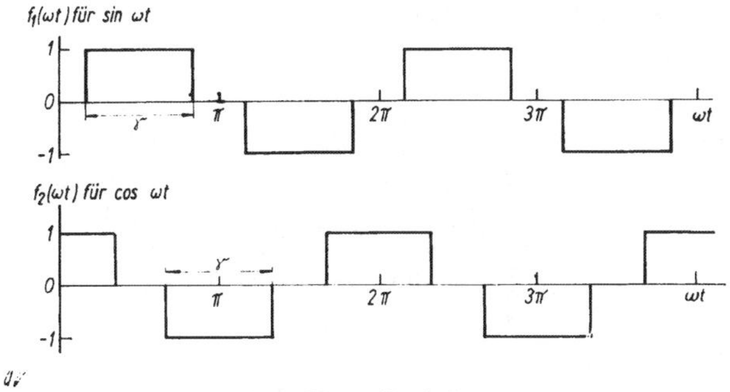


Bild 3. Umpolfunktionen

Die *Fourier*sche Entwicklung für die erste lautet

$$f_1(\omega t) = \frac{4}{\pi}\left[\frac{\cos\frac{1}{2}(\pi-\gamma)}{1}\sin\omega t + \frac{\cos\frac{3}{2}(\pi-\gamma)}{3}\sin 3\omega t + \frac{\cos\frac{5}{2}(\pi-\gamma)}{5}\sin 5\omega t + \ldots\right]. \qquad (16)$$

Die Funktion $U = f(t)$ wird also durch diese Näherung z. B. nicht nur mit $\sin \omega t$, sondern mit der Summe aus der Grundschwingung und den dazugehörigen harmonischen Schwingungen multipliziert. Der dabei begangene Fehler wird verhältnismäßig klein für $\gamma = 120°$, da dafür das zweite Glied in (16) null wird. Man erhält dann für die Multiplikationsfunktion

$$f_1(\omega t) = \frac{4}{\pi}\left[\frac{\sqrt{3}}{2}\sin\omega t - \frac{\sqrt{3}}{5\cdot 2}\sin 5\omega t - \frac{\sqrt{3}}{7\cdot 2}\sin 7\omega t + \frac{\sqrt{3}}{11\cdot 2}\sin 11\omega t + \ldots\right]. \qquad (17)$$

#### 3.2. *Berechnung der Koeffizienten* $a_{\omega,i}$ *und* $b_{\omega,i}$

Die Berechnung der Koeffizienten $a_{\omega,i}$ und $b_{\omega,i}$ erfolgt nach den Beziehungen

$$a_{\omega,i} = \frac{2}{m\cdot\tau_i}\int_0^{m\cdot\tau_i} f(t)\, f_2(\omega_i t)\, dt$$

$$b_{\omega,i} = \frac{2}{m\cdot\tau_i}\int_0^{m\cdot\tau_i} f(t)\, f_1(\omega_i t)\, dt, \qquad (18)$$

die sich aus den Beziehungen (8) mit $T = m \cdot \tau_i$, $\sin \omega t = f_1(\omega t)$ und $\cos \omega t = f_2(\omega t)$ ergeben.

Zwischen $\tau_i$ und $\omega_i$ besteht der Zusammenhang

$$\omega_i = \frac{2\pi}{\tau_i}.$$

Für $m$ wurde, wie bereits erwähnt, die Zahl 5 gewählt. Die Integrationen erfolgen für jede Frequenzstufe durch zwei R–C-Glieder.

*3.3. Bildung des Koeffizienten $c_{\omega,i}$*

Gemäß Beziehung

$$c_{\omega,i} = \sqrt{a_{\omega,i}^2 + b_{\omega,i}^2} \tag{19}$$

werden die den Koeffizienten $a_{\omega,i}$ und $b_{\omega,i}$ entsprechenden, um 90° gegeneinander phasenverschobenen Wechselspannungen vektoriell addiert. Die resultierende Wechselspannung ergibt nach Gleichrichtung den Koeffizienten $c_{\omega,i}$.

*3.4. Bildung des mittleren Koeffizienten $\bar{c}_{\omega,i}$*

In weiteren R–C-Gliedern werden die Koeffizienten $c_{\omega,i}$ über die gesamte Analysierzeit gemittelt. Der Vorgang entspricht der Beziehung

$$\bar{c}_{\omega,i} = \int_{t_1}^{t_2} \frac{c_{\omega,i}}{t_2 - t_1}. \tag{20}$$

Die Notwendigkeit der Mittelwertbildung steht im direkten Zusammenhang mit der Darstellung der Koeffizienten als Spektrogramm. Zur Erläuterung muß näher auf die Abstufung der Frequenzbänder eingegangen werden. Die Frequenz des $i$-ten Kanals ergibt sich aus der Frequenz des ersten Kanals nach der Beziehung

$$\omega_i = \omega_1 \sqrt[5]{2^{i-1}} \approx \omega_1 \cdot 1{,}15^{i-1}, \tag{21}$$

was der angenäherten relativen Bandbreite von 15% entspricht. Im Spektrogramm gelangen die einzelnen Kanäle in linearer Folge zur Anzeige. Um den Ordnungszahlen der einzelnen Kanäle die entsprechenden Frequenzen zuzuordnen, muß man also die Funktion $i = f(\omega)$, das heißt, die inverse Funktion zu (21) bilden. Führt man darin noch die Wellenlänge ein, erhält man schließlich

$$i = \frac{\ln \lambda_1 - \ln \lambda_i}{\ln 1{,}15} + 1 = f(\ln \lambda_i). \tag{22}$$

Aus dieser Beziehung geht hervor, daß einer linearen Anordnung der Kanäle eine Aufzeichnung der Koeffizienten in Abhängigkeit vom Logarithmus der Wellenlänge entspricht. Dabei ist das negative Vorzeichen vor dem Logarithmus bedeutungslos, da es durch Umkehr der Aufzeichnungsrichtung in Wegfall kommt. Es wird also vom Spektrographen ein spezielles Wellenlängenspektrum angezeigt. Damit nun das Bild eines kontinuierlichen Spektrums aufgezeichnet wird, wurde die Integrationszeit bei der Bestimmung der Koeffizienten als Funktion der Frequenz festgelegt, nämlich $T = m \cdot \tau_i$. Mit $m = 5$ ergibt sich ein geschlossener Kurvenzug. Die durch den Faktor $m = 5$ bestimmte, verhältnismäßig kleine Integrationszeit bewirkt aber, daß ein über die Integrationszeit $5\tau_i$ ermittelter Koeffizient $c_{\omega,i}$ lediglich einen Einzelwert aus einer statistischen Verteilung von Werten darstellt. Aus diesem Grunde ist bei der vorhandenen Ungleichmäßigkeit der Textilfäden eine Mittelwertbildung über eine größere Anzahl von nacheinander bestimmten Koeffizienten $c_{\omega,i}$ erforderlich.

*4. Vergleich von Uster-Spektrogrammen mit den berechneten Spektren*

Für den Vergleich des Uster-Spektrogramms mit dem dazugehörigen, berechneten Spektrum werde eine einfache Sinusschwingung mit der Amplitude A und der Wellenlänge $\Lambda$ betrachtet:

$$f(l) = A \sin \frac{2\pi}{\Lambda} l. \tag{23}$$

Das Amplitudenspektrum (11) der einfachen Sinusschwingung nimmt, wenn man von den dort betrachteten Zeitgrößen auf Längengrößen übergeht, mit $\alpha = \frac{2\pi}{\Lambda}$, $\omega = \frac{2\pi}{\lambda}$ und $T = L$ folgende Gestalt an

$$c_{1/\lambda} \approx A \left| \frac{\sin 2\pi \left(\frac{1}{\Lambda} - \frac{1}{\lambda}\right) \frac{L}{2}}{2\pi \left(\frac{1}{\Lambda} - \frac{1}{\lambda}\right) \frac{L}{2}} \right|. \tag{24}$$

Der Integrationszeit $5\tau$ des Spektrographen entspricht eine Integrationslänge $L = 5\lambda$. Damit ergibt sich aus (24)

$$c_{1/\lambda} \approx A \frac{\sin 5\pi \left(\frac{\lambda}{\Lambda} - 1\right)}{5\pi \left(\frac{\lambda}{\Lambda} - 1\right)}. \tag{25}$$

Da vom Spektrographen das Spektrum in Abhängigkeit vom Logarithmus der Wellenlänge gebildet wird, ist eine Umformung von (25) in $c_{\ln\lambda}$ bzw. $c_{-\ln\lambda}$ erforderlich. Für die Umrechnung ist zu beachten, daß das Integral über die Spektrumsfunktion unabhängig von der Form ihrer Darstellung der Streuung äquivalent ist. Aus diesem Grunde müssen die Integrale auch untereinander gleich sein. Für den vorliegenden Fall leitet sich daraus folgende Umrechnungsbeziehung ab:

$$\int c_{1/\lambda}^2 \, d\left(\frac{1}{\lambda}\right) = \int c_{f(\ln\lambda)}^2 \cdot d\,(f(\ln\lambda)), \tag{26}$$

wobei für $f(\ln\lambda)$ gemäß (22)

$$f(\ln\lambda) = \frac{\ln\lambda_1 - \ln\lambda}{\ln 1{,}15} + 1 \tag{27}$$

zu setzen ist. Nach kurzer Rechnung erhält man

$$c_{f(\ln\lambda)} = \sqrt{\frac{\ln 1{,}15}{\lambda}} \cdot c_{1/\lambda} \tag{28}$$

Es ist also, wenn man den konstanten Faktor in (28) vernachlässigt, die Beziehung (25) durch $\sqrt{\lambda}$ zu dividieren, um das mit dem Uster-Spektrogramm vergleichbare Spektrum zu erhalten:

$$c_{\ln\lambda} \approx \frac{A}{\sqrt{\lambda}} \left| \frac{\sin 5\pi \left(\frac{\lambda}{\Lambda} - 1\right)}{5\pi \left(\frac{\lambda}{\Lambda} - 1\right)} \right|. \tag{29}$$

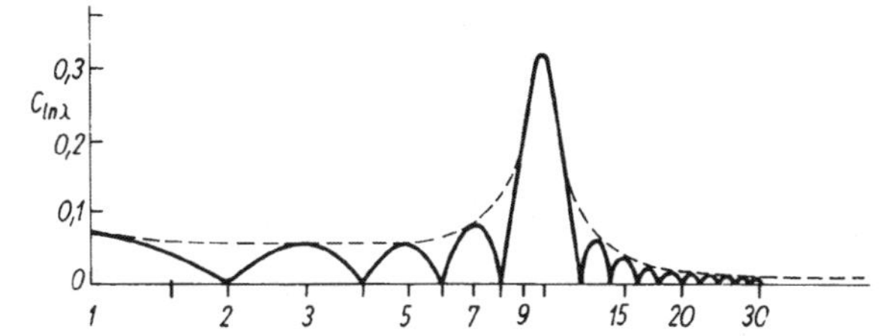


Bild 4. Logarithmisches Wellenlängenspektrum der Sinusfunktion

In Bild 4 ist dieses Spektrum für $\Lambda = 1$ und $\Lambda = 10$ cm dargestellt.

Dem sich bei $\lambda = \Lambda = 10$ cm ausbildenden Hauptmaximum schließen sich nach beiden Seiten Nebenmaxima an. Wie an der gestrichelt eingezeichneten Näherungsfunktion zu erkennen ist, nimmt die Höhe der Nebenmaxima für $\lambda > \Lambda$ mit der Entfernung vom Hauptmaximum ab. Für $\lambda < \Lambda$ ergibt sich nach anfänglichem Absinken wieder ein Anstieg der Näherungskurve, der durch den Faktor $\frac{1}{\sqrt{\lambda}}$ bedingt ist. Die Spektrumsfunktion selbst besitzt bei $\lambda \approx 0{,}8$ cm ein weiteres Maximum, um dann für $\lambda \to 0$ gegen null zu gehen.

Zum Vergleich mit dem berechneten Spektrum zeigt Bild 5 das Spektrogramm des Uster-Eichfilms. Dieser Eichfilm ist ein zu einem endlosen Band zusammengeklebter Foliestreifen, dem durch entsprechende Lochung eine sinusförmige Schwankung der Wellenlänge $\Lambda = 10$ cm aufgeprägt ist. Im Spektrogramm ist an der Stelle $\lambda = \Lambda = 10$ cm ein kräftiger Ausschlag vorhanden, der dem Hauptmaximum des berechneten Spektrums entspricht.

Die Nebenmaxima vermag das Gerät nicht aufzulösen. Als Ursache dafür wird vom Herstellerwerk die kontinuierliche Integration der R–C-Glieder angegeben. Anstelle der Nebenmaxima erscheint ein näherungsweise über die Fläche gemittelter Kurvenverlauf. Dabei kommt in Übereinstimmung mit dem berechneten Spektrum das raschere Absinken des rechten Kurvenastes deutlich zum Ausdruck.

Es sei noch bemerkt, daß (29) nur den prinzipiellen Verlauf des Uster-Sepktrogramms der Sinusfunktion widergibt. Für Schwingungen verschiedener Wellenlänge ergeben sich jedoch entsprechend dem Faktor $\frac{1}{\sqrt{\lambda}}$ unterschiedliche Höhen für die Hauptmaxima, während man im Uster-Spektrogramm für gleiche Amplituden gleichhohe Ausschläge findet. Will man dieses Verhalten formelmäßig beschreiben, muß man den Ausdruck in (29) noch mit $\sqrt{\Lambda}$ multiplizieren.

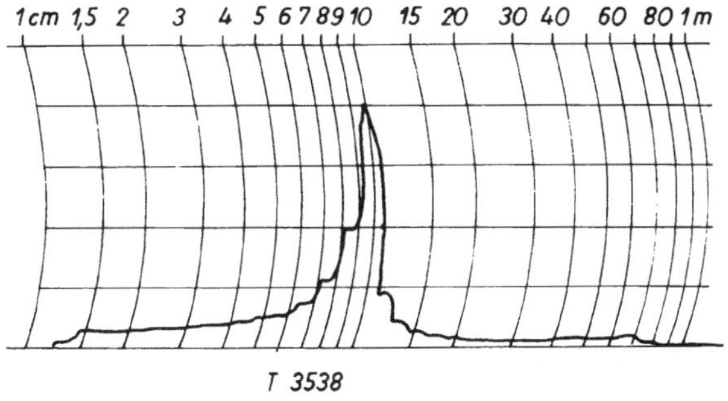


Bild 5. Spektrogramm der Sinusfunktion (Uster-Eichfilm)

Als weiteres Beispiel sei das Spektrum eines einzelnen Rechteckimpulses der Höhe $H$ und der Länge $s$ betrachtet. Es ist also das Spektrum der Funktion

$$f(l) = H, \quad 0 \leqq l \leqq s;$$
$$f(l) = 0, \quad l > s \tag{30}$$

zu bilden. Für die Berechnung der Koeffizienten $a_{1/\lambda}$ und $b_{1/\lambda}$ werden die Beziehungen (8) umgeformt.

Mit $T = L = 5\lambda$, $\omega = \frac{2\pi}{\lambda}$ und $t = l$

erhält man

$$a_{1/\lambda} = \frac{2}{5\lambda} \int_0^{5\lambda} f(l) \cos \frac{2\pi}{\lambda} l \, dl,$$

$$b_{1/\lambda} = \frac{2}{5\lambda} \int_0^{5\lambda} f(l) \sin \frac{2\pi}{\lambda} l \, dl. \tag{31}$$

Bei der nach Einsetzen der Beziehungen (30) durchzuführenden Integration sind folgende Fallunterscheidungen erforderlich:

1. $s < 5\lambda$,
2. $s = 5\lambda$,
3. $s > 5\lambda$.

Die drei Fälle sind in [7] durchgerechnet. Für $s = 5\lambda$ werden die Koeffizienten Null. Das Spektrum besitzt also für $s = 5\lambda$ eine Nullstelle. Für $s < 5\lambda$ und $s > 5\lambda$ ergibt sich für die Spektrumsfunktion übereinstimmend der Ausdruck

$$\bar{c}_{\ln\lambda} = \frac{2H}{\pi \cdot L_{ges}} \sqrt{\lambda} \left| \sin \frac{\pi s}{\lambda} \right|. \tag{32}$$

Dabei wurde bereits eine Mittelwertbildung der Koeffizienten entsprechend (20) durchgeführt, weshalb im Spektrum die Beobachtungslänge $L_{ges}$ erscheint.

Die Mittelwertbildung bewirkt, daß bei einem bestimmten Einzelimpuls das Spektrum um so flacher verläuft, je größer die Beobachtungslänge ist. Das zeigt sich darin, daß $L_{ges}$ im Nenner steht. Die Funktion (32) ist im Bild 6 für $\frac{2H}{\pi \cdot L_{ges}} = 1$ und $s = 3$ cm dargestellt.

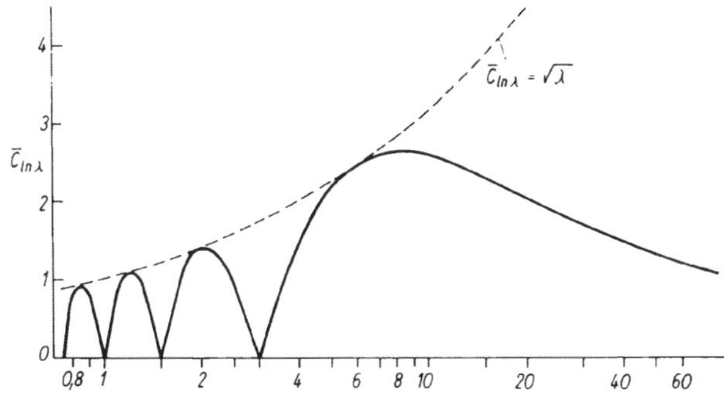


Bild 6. Logarithmisches Wellenlängenspektrum eines Rechtsimpulses

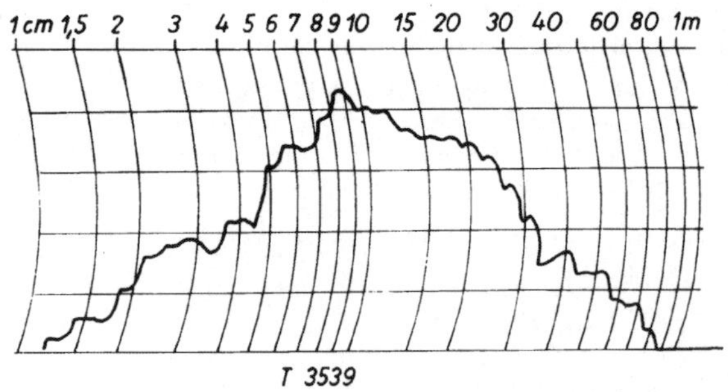


Bild 7. Spektrogramm des Rechteckimpulses

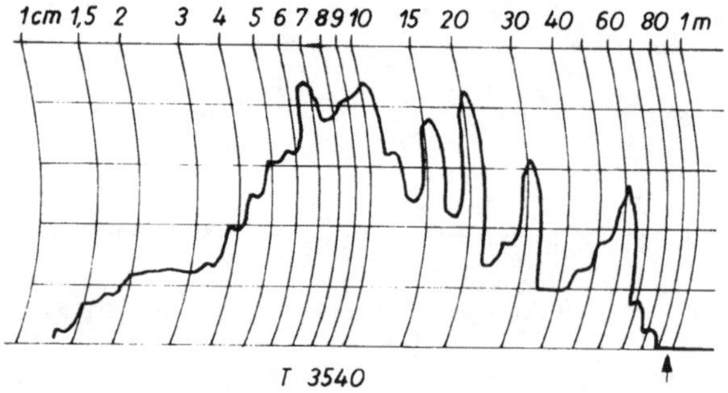


Bild 8. Spektrogramm eines periodisch wiederkehrenden Rechteckimpulses

Sie besitzt Nullstellen für $\lambda = \frac{s}{k}$ $(k = 1, 2, 3, \ldots)$ und ein Hauptmaximum für $\lambda = 2{,}69\ s = 8{,}07$ cm. Zwischen den Nullstellen liegen weitere Maxima, deren Höhen mit kleiner werdendem $\lambda$ entsprechend der Funktion $\bar{c}_{\ln\lambda} = \sqrt{\lambda}$ abnehmen. Für $\lambda \to \infty$ geht die Funktion gegen Null. Zum Vergleich mit dem berechneten Spektrum zeigt Bild 7 das praktisch aufgenommene Spektrogramm des Einzelimpulses. Der Rechteckimpuls wurde erzielt, indem zwei Foliestreifen so zusammengeklebt wurden, daß sich eine Klebestelle von 3 cm Länge ergab. Bei der Aufnahme des Spektrogramms passierte die Klebestelle nur einmal den Meßkondensator.

Ein Vergleich von Bild 7 mit Bild 6 zeigt, daß die Nebenmaxima vom Gerät nicht aufgelöst werden. Im Bereich des Hauptmaximums stimmt das Spektrogramm recht gut mit dem berechneten Spektrum überein. Geringe Unregelmäßigkeiten im Kurvenverlauf lassen sich durch die Ungleichmäßigkeit der verwendeten Foliestreifen erklären.

Ergänzend sei bemerkt, daß die Beziehung (32) nicht nur für den Einzelimpuls, sondern — abgesehen von den konstanten Faktoren — auch für eine Zufallsverteilung von Impulsen gleicher Länge Gültigkeit besitzt. Die gefunde Beziehung stellt also das Idealspektrum eines Garns aus Fasern gleicher Länge dar.

Abschließend soll das Spektrum einer periodischen Masseschwankung betrachtet werden, die nicht sinusförmigen Verlauf aufweist. Die Untersuchung läßt sich am einfachsten für einen periodisch auftretenden Rechteckimpuls durchführen. Ist $s$ die Impulslänge, $H$ deren Höhe und $l_0$ die Periodenlänge, so lautet die *Fourier*-Entwicklung

$$f(\omega t) = \frac{2H}{\pi}\left[\frac{\pi \cdot s}{2l_0} + \frac{\sin\frac{\pi \cdot s}{l_0}}{1}\cos\omega t + \frac{\sin 2\frac{\pi s}{l_0}}{2}\cos 2\omega t + \frac{\sin 3\frac{\pi s}{l_0}}{3}\cos 3\omega t + \ldots\right]. \qquad (33)$$

Demnach sind im Spektrogramm Ausschläge an den Stellen $\lambda = l_0, \frac{l_0}{2}, \frac{l_0}{3}, \ldots$ zu erwarten, die im Verhältnis $\sin\frac{\pi s}{l_0} : \frac{1}{2}\sin 2\frac{\pi s}{l_0} : \frac{1}{3}\sin 3\frac{\pi s}{l_0}$ : usw. zueinander stehen.

Diese kurz als „Harmonische" bezeichneten Ausschläge können immer dann auftreten, wenn die periodische Schwankung vom sinusförmigen Verlauf abweicht. Je nach Form der Schwankung können die Ausschläge der harmonischen Wellenlängen unterschiedlich schnell abklingen oder auch zum Teil ganz fehlen [vgl. (17)]. Jedoch sind die Ausschläge für die harmonischen Wellenlängen stets kleiner als der Ausschlag für die Grundwellenlänge.

In Bild 8 ist das Spektrogramm eines periodisch wiederkehrenden Rechteckimpulses der Länge $s = 3$ cm wiedergegeben. Es wurde durch Messung eines zu einem endlosen Film zusammengeklebten Foliestreifens erhalten, dessen Umfang (Periodenlänge) $l_0 = 60{,}6$ cm betrug und dessen Klebestelle eine Länge von $s = 3$ cm aufwies.

Das Spektrogramm besteht aus dem Spektrogramm eines Einzelimpulses mit dem Hauptmaximum bei $\lambda = 2{,}69\ s$, dem sich die durch die Grundschwingung der periodischen Erscheinung und deren harmonische Schwingungen hervorgerufenen Ausschläge überlagern.

Die im Spektrogramm sichtbaren, maximalen Ausschläge liegen an den Stellen, an denen sie auf Grund des Filmumfanges zu erwarten sind. Die Stärke der Ausschläge — gemeint ist jeweils die Stärke des periodischen Anteils am Gesamtausschlag — entspricht jedoch nicht den zu erwartenden Verhältnissen. Die Ausschläge der ersten drei harmonischen Schwingungen, die noch deutlich wahrzunehmen sind, klingen nicht allmählich ab, sondern liegen über dem Ausschlag der Grundschwingung. Wie aus den Versuchen mit anderen Filmabmessungen hervorging, schwankt die Stärke der einzelnen Ausschläge ganz zufällig. Vermutlich ist für dieses von der Theorie abweichende Ergebnis das dem Gerät zugrundeliegende Näherungsprinzip der Koeffizientenbestimmung verantwortlich. Zum Teil gelangen auch periodische Schwingungen, die ursprünglich im Filmmaterial vorhanden waren, zur Anzeige. Der Ausschlag an der Stelle $\lambda = 6{,}6$ cm weist auf eine solche Schwingung hin.

### 5. *Allgemeine Form der Spektrogramme von Chemieseiden*

Das Spektrogramm einer Chemieseide besteht im allgemeinen aus einem durch Zufallsschwankungen verursachten Teil, dem durch periodische Schwankungen hervorgerufene, mehr oder weniger starke Ausschläge überlagert sind. Die zufälligen Masseschwankungen, die als Überlagerung einer Vielzahl von Einzelimpulsen

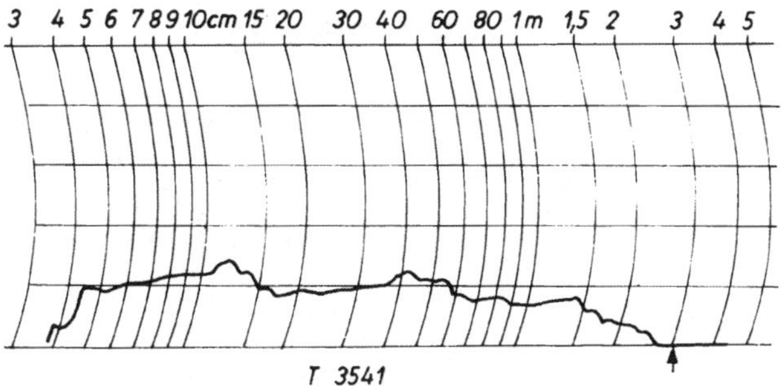


Bild 9. Zufallsschwankungen im Spektrogramm einer Polyesterseide

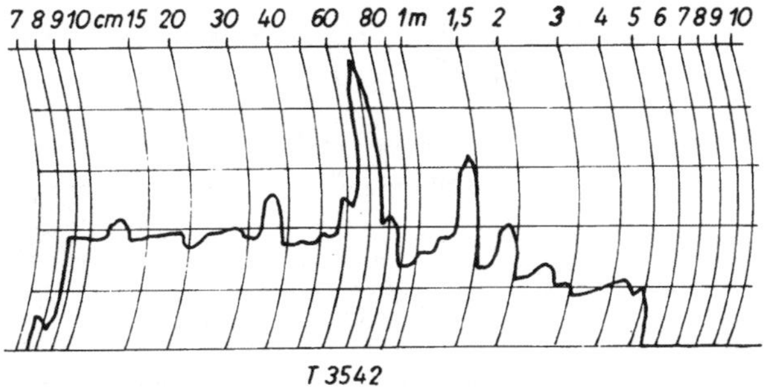


Bild 10. Periodische Massenschwankungen im Spektrogramm einer Viskoseseide

unterschiedlicher Höhe und Länge aufgefaßt werden können, ergeben angenähert gleichhohe Ausschläge in sämtlichen Kanälen. Bild 9 zeigt das Spektrogramm einer Polyesterseide, die nur Zufallsschwankungen aufweist.

Das Vorhandensein periodischer Schwankungen wird durch kräftige Ausschläge angezeigt, die in einem Kanal oder in zwei benachbarten Kanälen auftreten können, je nachdem die Wellenlänge in die Mitte eines Kanals oder auf die Grenze zweier Kanäle fällt. Sind mehrere sinusförmige Schwingungen im Material vorhanden, so findet man häufig Spektrogramme, die im linken Teil höhere Ausschläge besitzen als im rechten Teil (Bild 10).

Diese Erscheinung läßt sich aus dem Spektrogramm der Sinusschwingung (Bild 5) erklären. Durch das raschere Abklingen des rechten Kurvenastes ergibt sich bei der Überlagerung mehrerer solcher Spektrogramme ein höheres Niveau der kurzwelligen Seite. Im Beispiel des Bildes 10 handelt es sich um eine Viskosefeinseide. Hauptaufgabe der Spektrogrammuntersuchungen ist die Ermittlung der periodischen Schwankungen, während Zufallsschwankungen bei Vorhandensein der Usteranlage vorteilhaft durch Aufnahme des Variationskoeffizienten oder der Längenvariationskurve erfaßt werden. Zwar ist der durch periodische Schwankungen erzeugte Ungleichmäßigkeitsanteil mit im Variationskoeffizienten enthalten und beeinflußt auch je nach Größe der Amplitude den Verlauf der Längenvariationskurve, jedoch ist es nicht oder nur in den seltensten Fällen möglich, Hinweise auf Wellenlänge und Amplitude der periodischen Schwankungen zu erhalten. Der Lösung dieser Aufgabe dient die Aufnahme des Spektrums. Die Spektraluntersuchungen stellen damit vor allem ein Mittel zur Erforschung der Ursachen der Ungleichmäßigkeiten dar. Es ist einleuchtend, daß diese Aufgabe um so besser gelöst werden kann, je genauer es gelingt, die Wellenlänge einer Schwingung anzugeben. Aus den vorangegangenen Ausführungen geht bereits hervor, daß dem Spektrographen in dieser Hinsicht Grenzen gesetzt sind.

*Literatur*

[1] *Giesekus, H. W.:* Die statistische Analyse der Garn- und Fadengleichmäßigkeit. Faserforsch. u. Textiltechnik **10** (1959) S. 275–282; 338–345; 359–368; 420–429, 598.

[2] *Alkier, J.:* Höhere Mathematik, Unendliche Reihen. Lehrbriefe für das Fernstudium, 15. LB. Berlin: Verlag Technik 1959.

[3] *Stumpff, K.:* Grundlagen und Methoden der Periodenforschung. Berlin 1937.

[4] *Zellweger A. G.*, Uster/Schweiz: Anleitung 133815d zum Spektrographen „Uster".

[5] *Zellweger A. G.*, Uster Schweiz: Anleitung 133826d zum Spektrographen „Uster".

[6] *Graf, U.*, und *Henning, H. J.:* Statistische Methoden bei textilen Untersuchungen. Berlin/Göttingen/Heidelberg: Springer 1957.

[7] *Geitel, K.:* Mechanisch-technologische Prüfungen. Teilbericht: Untersuchungen über die Aussagekraft des Uster-Wellenlängenspektrums für die Beurteilung der Gleichmäßigkeit von Chemieseiden. Institut für Textiltechnologie der Chemiefasern, Rudolstadt, Forschung und Entwicklung 1965.

*Eingegangen am 16. April 1968*

# Mikroskopische Untersuchungen zur Struktur von Cellulosexanthogenatgelen

## Teil I. Geordnete Gelbildung durch zentrifugale Diffusion von Elektrolyten

*Hans-Joachim Purz und Anneliese Gröbe*

*Deutsche Akademie der Wissenschaften zu Berlin, Institut für Faserstoff-Forschung in Teltow-Seehof*

DK 661.728.84:539.215.6:532.72:541.135:535.827.2:535.55

Es wird die geordnete Gelbildung durch zentrifugale Diffusion von verschiedenen Elektrolyten in den hydrophilen Polyelektrolyten Na-Cellulosexanthogenat untersucht. Bei der zentrifugalen Ionendiffusion entstehen ionencharakteristische Gelscheiben, die im polarisierten Licht bei gekreuzten Polars Doppelbrechung aufweisen. Die Vorgänge der Gelbildung, die unter dem Einfluß der verschiedenen Ionen zu spezifischen Strukturierungen führen, wurden mikroskopisch beobachtet und diskutiert. Es wird der Versuch unternommen, die Richtwirkung der Gegenionen, die mit dem Cellulosexanthogenat anisotrope Gele bilden, durch Messen der ionotropen Doppelbrechung zu ermitteln.

*Исследование структуры гелей ксантогената целлюлозы микроскопическим методом*
*Часть I. Ориентированное гелеобразование за счет центрифугальной диффузии электролитов*

Изучено ориентированное гелеобразование за счет центрифугальной диффузии различных электролитов в гидрофильный полиэлектролит Na-соль ксантогената целлюлозы. При центрифугальной диффузии ионов образуются характерные диски геля, показывающие двоелучепреломление в поляризованном свете при скрещенных призмах Николя. Процессы гелеобразования, приводящие к возникновению специфических структур под влиянием различных ионов, прослежены под микроскопом. Сделана попытка определения направляющего действия противоионов, образующих анизотропные гели с ксантогенатом целлюлозы, путем измерения ионотропного двоелучепреломления.

*Microscopic Investigations on the Structure of Cellulose Xanthate Gels*
*Part I. Formation of Ordered Gel Structures by Centrifugal Diffusion of Electrolytes*

The formation of ordered gel structures by centrifugal diffusion of various electrolytes into the hydrophilic polyelectrolyte Na-cellulose xanthate has been investigated. The centrifugal diffusion of ions is accompagnied by the formation of characteristic gel disks giving rise to birefrigence in polarized light between crossed Nicols. The process of gel formation, resulting in different structures depending on the kind of ions applied, is dicussed. An attempt was made to determine by measuring the ionotropic birefrigence the directional effect of counter ions associating with cellulose xanthate to form ionotropic gels.

### 1. *Einführung und Darstellung der Versuchsergebnisse*

In vorangegangenen Mitteilungen [1, 2, 3] zeigten wir, daß der Übergang des Polyelektrolyten Na-Cellulosexanthogenat vom Sol- in den Gelzustand durch Diffusion von Elektrolyten nach den Gesetzmäßigkeiten der von *Thiele* u. Mitarb. entdeckten ionotropen Gelbildung verläuft [4]. Wir untersuchten solche Metall-Cellulosexanthogenatgele mit dem Licht- und Elektronenmikroskop und fanden Strukturen, die mit den bisher bekannten Strukturen ionotroper Gele übereinstimmen. Beim Spinnen verdünnter reiner Na-Cellulosexanthogenatsole in Koagulationsbäder entstanden in Fadenform Gelsysteme mit ähnlichen Strukturen. Wir diskutierten daraufhin, daß in technischen Fäden und Filmen geordnete Strukturen nach dem Prinzip der ionotropen Gelbildung entstehen könnten.

In der vorliegenden Arbeit prüften wir, welche Gelstrukturen durch verschiedene Elektrolyte gebildet werden. Die Diffusion von Elektrolyten in ein Sol kann in mehreren Versuchsanordnungen erfolgen. Wird ein Tropfen einer Elektrolytlösung auf eine dünne Solschicht eines Polyelektrolyten aufgesetzt, so diffundieren die Ionen aus dem Tropfen radial (zentrifugal) in das Sol hinein und können eine Gelscheibe bilden. Umgekehrt diffundieren beim Eintropfen des Sols in eine Elektrolytlösung die Ionen zentripetal in die sich bildende Gelkugel. Beide Methoden sind geeignet, Auskunft über die Eigenschaften und das Verhalten der gebildeten Gele zu geben.

Zentripetal (bezogen auf die Faserachse) erfolgt auch die Diffusion der Spinnbadkomponenten in den zylindrischen Faden beim Spinnen von Viskosefäden, wobei das Viskosesol aus einer Düse in ein Fällbad strömt.

Diffundieren die Ionen der Elektrolytlösung in breiter Front flächig/parallel in das Sol eines Polyelektrolyten, so treten unter bestimmten Bedingungen in dem sich bildenden Gel Kapillaren auf. Diese Methode ist besonders geeignet, die Kapillarbildung zu untersuchen.

Wir fanden, daß sich die Vorgänge der geordneten Gelbildung am besten beobachten lassen, wenn der Elektrolyt zentrifugal in das Sol diffundiert. Dabei pipettiert man z. B. 3 ml des Na-Cellulosexanthogenatsols 1%ig an Cellulose in runde dimensionierte Küvetten (Durchmesser: 40 mm, Höhe: 10 mm) mit isotropem Boden und setzt zentral auf die dünne Solschicht einen Tropfen einer 1 n Elektrolytlösung. Wir stellten die Na-Cellulosexanthogenatsole wie folgt her: Als Ausgangssubstanz wurde eine Viskose verwandt, deren Zusammensetzung im Durchschnitt 8,3% Cellulose, 6% Alkali und 3,0% S betrug. Die Sulfidierung der Alkalicellulose erfolgte mit 47% Schwefelkohlenstoff. Es gelangte der Sulfatzellstoff CORDICELL S 20 mit einem herabgereiften DP der Alkalicellulose von 520 zum Einsatz. Für die Herstellung des Na-Cellulosexanthogenates wurden Viskosen in annähernd gleichem Reifestadium von etwa 20°H (°H = *Hottenroth*-Reife, auf 10%ige $NH_4Cl$-Lösung bezogen) benutzt. Die Nachreife der Viskose bis auf den gewünschten Koagulationszustand vollzog sich entweder im Kühlschrank bei +5°C oder über kürzere Zeiten bei Zimmertemperatur. Aus der auf den entsprechenden Reifezustand gebrachten Viskose wurde nun die Herstellung des Na-Cellulosexanthogenatsoles folgendermaßen durchgeführt.

In einem Vinidurbecher wird Viskose mit bekannter Cellulosekonzentration zur Einwaage gebracht. Man läßt dann einen Teil (ca. 6 g) aus dem Becher auf eine runde Glasplatte (d = 16 cm) fließen und ermittelt durch Rückwaage das Gewicht der Viskose. Mit Hilfe einer zweiten Glasplatte wird die Viskose zu einem dünnen gleichmäßigen zusammenhängenden Film ausgezogen. Anschließend läßt man die Glasplatten vorsichtig voneinander abgleiten und bringt sie in 0,25 n methanolische Essigsäure, die sich im Überschuß in einer von einem Eis/Wasser-Gemisch umgebenen Kristallisierschale befindet. In der methanolischen Essigsäure wird das Alkali des Viskosesols neutralisiert, die Viskosenebenprodukte, wie $Na_2CS_3$, $Na_2S$ und $Na_2CO_3$, zersetzt und das Na-Cellulosexanthogenat aus dem Viskosesol ausgefällt.

Die Zersetzung der Viskosenebenprodukte in den dünnen Filmen ist nach ca. 5 bis 10 min beendet. Letzteres ist deutlich an dem Verschwinden der orangen bis gelbbraunen Farbe des Trithiocarbonats in dem Viskosegel zu erkennen. Danach lassen sich die koagulierten Filme leicht von den Glasplatten abheben. Sie werden dreimal in eiskaltem Methanol gewaschen und gelangen dann säurefrei zum Trocknen; dies erfolgt bei Zimmertemperatur. Die getrockneten Na-Cellulosexanthogenatfilme werden in einer der gewünschten Cellulosekonzentration entsprechenden Menge aqua dest. aufgelöst. Anschließend wird das Sol zunächst durch G 3- und dann durch G 4-Fritten filtriert und im Eisschrank bei +5 °C aufbewahrt. Die leicht gelbgrünlich gefärbten und opaleszierenden Xanthogenatsole wurden für jede Versuchsreihe neu hergestellt und nur innerhalb von 24 h für die Gelbildung benutzt.

Um eine schnellere Zersetzung der ionogenen Xanthogenatgruppen zu verhindern und den Solzustand etwa konstant zu halten, mußten die Küvetten während der Gelbildung über etwa 12 h bei 3 bis 5 °C im Kühlschrank aufbewahrt werden.

Beim Auftropfen einer 1 n $Zn(NO_3)_2$-Lösung auf die Solschicht des Na-Cellulosexanthogenates entsteht eine Gelscheibe, die im Bild 1a zu erkennen ist. (Die Gelscheiben auf den Fotografien sind im allgemeinen in einem Abbildungsmaßstab 2:1 dargestellt.)

Auf dem Bild 1a ist zu sehen, daß vom Elektrolytzentrum aus in das Gel hinein Kapillaren entstanden sind. Die Länge der Kapillaren, die unter diesen Bedingungen mit Zn-Ionen gebildet werden, beträgt etwa 6 bis 7 mm. Der Durchmesser dieser kapillaren zylindrischen Hohlräume nimmt vom Elektrolytzentrum zum Ende der Kapillarenzone zu. Am Ende der Kapillarenzone besitzen die Kapillaren einen Durchmesser von ~ 180 µm. Bild 1b zeigt einen vergrößerten Ausschnitt aus Bild 1a, der deutlich die Kapillarstruktur erkennen läßt, wie bereits in [1, 2] veröffentlicht. Die sich anschließende Zone des dünnen Zn-Cellulosexanthogenat-Gelfilms ist, abgesehen von einer wellenartigen, nichtkonzentrischen Streifung, homogen und durchsichtig. Sie weist sonst keine makroskopisch oder mikroskopisch erkennbaren Strukturen auf, zeigt jedoch im polarisiertem Licht bei gekreuzten Polars das Achsenkreuz eines optisch einachsigen doppelbrechenden Kristalls (Bild 1c). Das bedeutet, daß die anisometrischen Cellulosexanthogenatteilchen senkrecht zur Diffusionsrichtung der Zn-Ionen angeordnet sind. Die an der Gelscheibe auftretende Doppelbrechung ist also ein Indikator für die Teilchenorientierung durch die eindiffundierenden Ionen, denn das Na-Cellulosexanthogenatsol ist vor der Gelbildung isotrop. Wie aus dem Bild 1c zu erkennen ist, besitzt die Kapillarzone im Gegensatz zu den sich anschließenden Zonen eine geringere Doppelbrechung. Die Kompensationslinien des Achsenkreuzes sind nicht geradlinig, sie sind z. T. gewinkelt. Dies beweist, daß die Gelscheibe nicht völlig symmetrisch ausgebildet wird und deutet gleichzeitig auf die Schwierigkeiten für die Messung der ionotropen Doppelbrechung hin, auf die noch näher eingegangen wird. Eine Erscheinung, die an der Gelscheibe des Zn-Cellulosexanthogenates beobachtet werden kann, ist die spontane Tropfenausscheidung. Sie setzt meistens kurze Zeit nach der Entnahme der Gelscheibe aus dem Kühlschrank bei Zimmertemperatur ein und ist auch im Bild 1c festgehalten.

Die kleinen Tröpfchen, im Bild als schwarze Punkte auf der Gelscheibe zu erkennen, werden sicherlich, ähnlich dem spontanen Wasseraustritt bei der Synärese, als Folge einer Gelkontraktion ausgestoßen und liegen auf der Geloberfläche.

Bei den mit Cd-Ionen erhaltenen Gelscheiben sind nur die äußeren Bereiche doppelbrechend; wenn man von doppelbrechenden Membranen um den Tropfen absieht, bleiben die Zonen um das Elektrolytzentrum im polarisierten Licht bei gekreuzten Polars dunkel (Bild 2b). Eine Kapillarenausbildung wie mit Zn-Ionen erfolgt nicht. Nur die um das Elektrolytzentrum gelegene trübe, brüchige und zerklüftete Zone weist an ihrem Ende beim Übergang in die sich anschließenden doppelbrechenden Bereiche feine Kapillarstrukturen auf (Bild 2a). Zwischen den tangential angeordneten, doppelbrechenden Membranen in den äußeren Teilen der Gelscheibe sind oft feine Kapillaren um 10 µm im Durchmesser zu beobachten. Bei der Betrachtung dieser Gelscheibe im polarisierten Licht bei gekreuzten Polars fällt auf, daß die gesamte Gelscheibe,

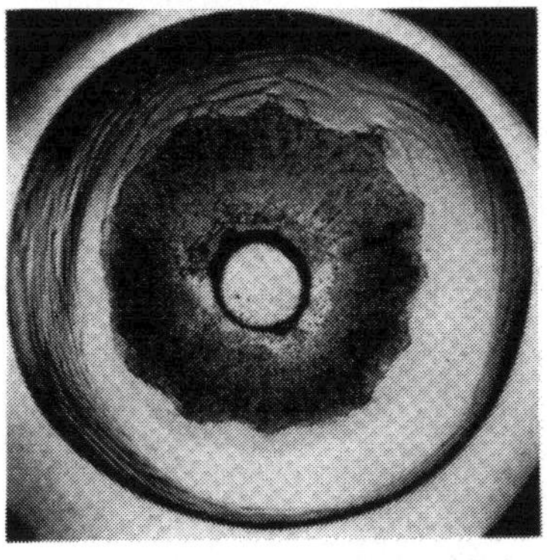

Bild 1a. Gelscheibe mit 1 n $Zn(NO_3)_2$-Lösung

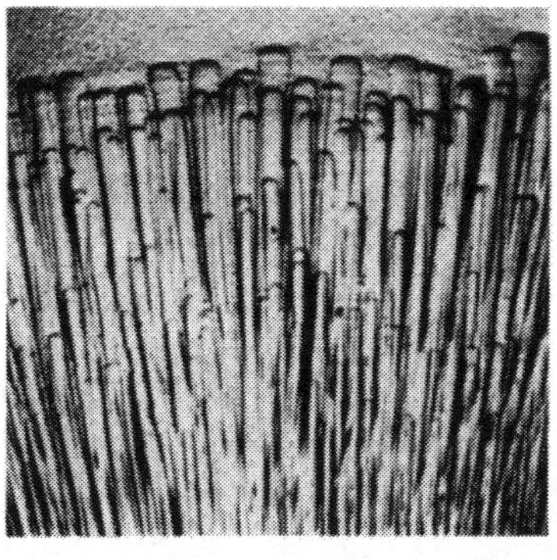

Bild 1b. Ausschnitt aus Bild 1a, Kapillarstruktur in der Zn-Cellulosexanthogenat-Gelscheibe bei zentrifugaler Diffusion des Elektrolyten, 20:1

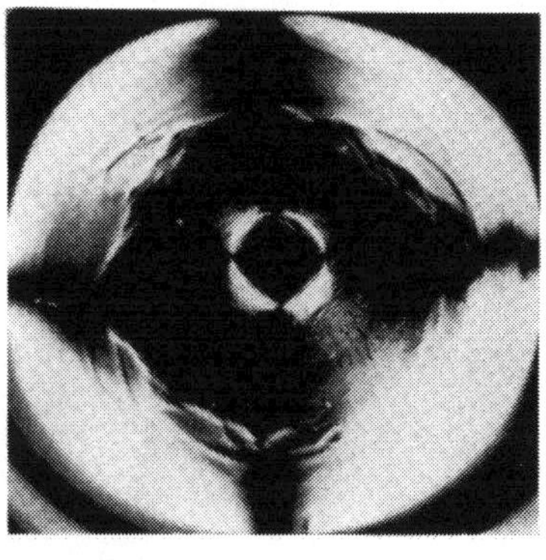

Bild 1c. Wie Bild 1a, im polarisierten Licht bei gekreuzten Polars

regellos angeordnet, doppelbrechende Partikel in der Größenordnung von 1 bis 3 μm enthält, die im Bild 2b nicht mehr deutlich zu erkennen sind. Die Gelscheiben, die man mit Pb-Ionen erhält, sind durch Pb-Cellulosexanthogenat gelblich gefärbt und trübe. Nur die Randzone mit den tangential angeordneten Membranlamellen ist doppelbrechend. Die um das Elektrolytzentrum gelegenen isotropen und weichen Gelbereiche besitzen radiale Strukturierungen (Bild 3). Nach dem Eintrocknen blättern diese auch in Richtung ihrer Anordnung auseinander. Allerdings ist dann der spröde Film durch das aus der Zersetzung des instabilen Pb-Cellulosexanthogenates entstandene Bleisulfid braunschwarz gefärbt.

Ein ähnliches Aussehen weisen die mit Cu-Ionen entstandenen Gelscheiben auf. Der Elektrolyttropfen wird von doppelbrechenden Membranen umgeben, daran schließt sich eine isotrope weiche Zone mit einigen radialen Strukturanordnungen an. Nur die am Gelrand ausgebildeten Membranlamellen sind doppelbrechend. Die Gelscheibe ist gelb bis braun verfärbt, da bei der Reaktion zwischen Cu(II)-Ionen und Cellulosexanthogenat Redoxvorgänge ablaufen. Nach *Russell* u. a. [5] entsteht bei der Einwirkung dieser Schwermetallionen auf das Xanthat ein Gemisch aus Cu(I)-Xanthat und Xanthid. Somit sind die Cu-Ionen, abgesehen von der Ausbildung einer isotropen, mechanisch nicht festen und trüben Gelscheibe, auf Grund der noch zusätzlich ablaufenden Redoxvorgänge für die geordnete Gelbildung beim Na-Cellulosexanthogenat nicht geeignet.

Benutzt man Co-Ionen als eindiffundierende Gegenionen, so entsteht die in Bild 4a dargestellte Gelscheibe. An das Elektrolytzentrum schließt sich eine Zone mit wenigen und unregelmäßigen kapillarähnlichen Gebilden an, die jedoch keinen geradlinigen radialen Verlauf besitzen. Bevor diese Strukturierung in eine tangentiale konzentrische und wellige Streifung übergeht, entstehen, senkrecht zum Ionenstrom angeordnet, linsenähnliche Strukturgebilde. Die Gelscheibe des grün gefärbten Co-Cellulosexanthogenates neigt auch wie die des Zn-Cellulosexanthogenates zur Ausscheidung von Flüssigkeitstropfen.

Aus Bild 4b geht hervor, daß die mit Co-Ionen ausgebildete Gelscheibe doppelbrechend ist, denn das Achsenkreuz erscheint im polarisierten Licht bei gekreuzten Polars über die gesamte Gelscheibe.

Beim Aufsetzen einer 1 n $Ni(NO_3)_2$-Lösung auf die Soloberfläche wird der Tropfen augenblicklich von einer doppelbrechenden Membran umgeben, diese platzt auf, und durch die eindiffundierenden Ni-Ionen werden neue Membranen um den Tropfen gebildet. Dabei bewegt sich der Tropfen anfangs amöbenartig auf der Soloberfläche.

Die Membranbildung erfolgt sehr rasch, man kann sie jedoch mikroskopisch verfolgen. Nach einiger Zeit läuft der Elektrolyttropfen nicht mehr über, und in der nun entstehenden schwach doppelbrechenden Gelzone erfolgt eine recht wirre Strukturierung, die zum Teil auch radiale Elemente aufweisen kann. Erst die äußeren Bereiche dieser Gelscheibe weisen wieder eine tangentiale und schalige Membranabscheidung auf (Bild 5a).

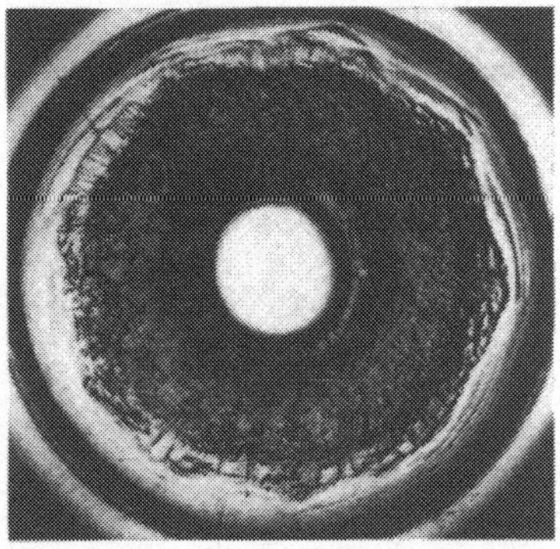

Bild 2a
Gelscheibe mit 1 n $Cd(NO_3)_2$-Lösung

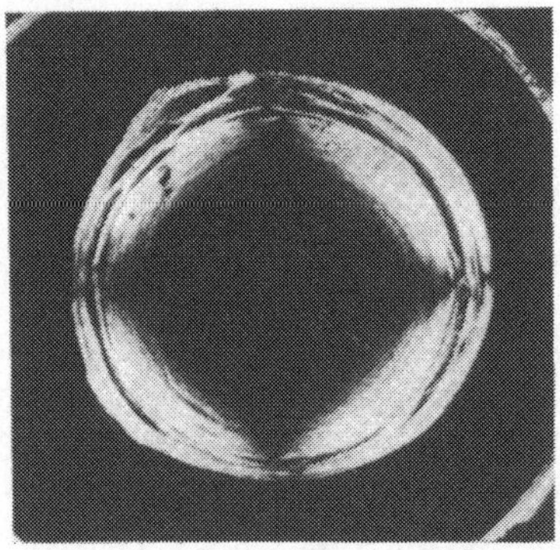

Bild 2b. Wie Bild 2a, im polarisierten Licht bei gekreuzten Polars

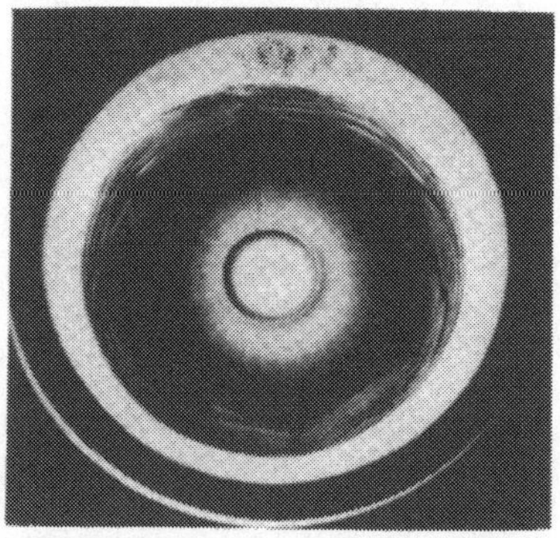

Bild 3
Gelscheibe mit 1 n $Pb(NO_3)_2$-Lösung

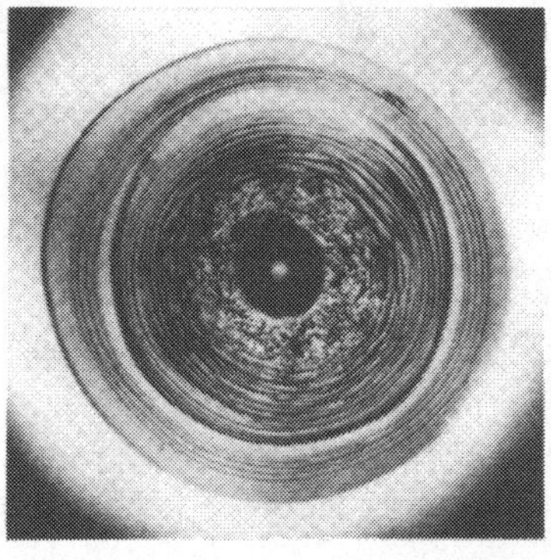

Bild 4a
Gelscheibe mit 1 n $Co(NO_3)_2$-Lösung

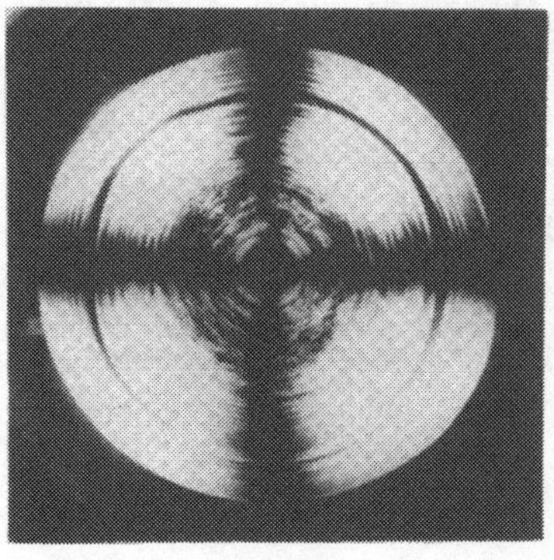

Bild 4b
Wie Bild 4a, im polarisierten Licht bei gekreuzten Polars

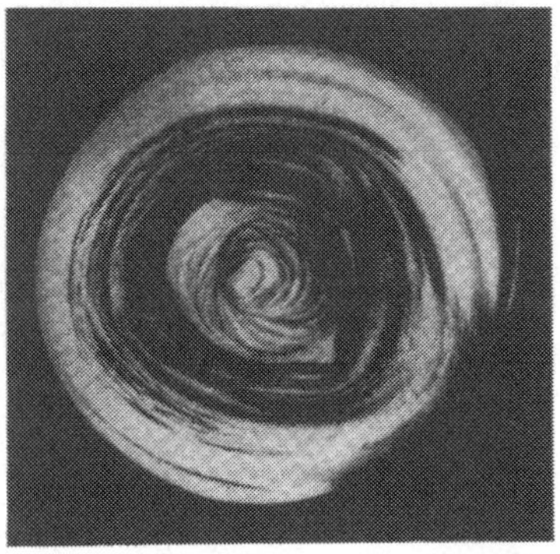

Bild 5a
Gelscheibe mit 1 n $Ni(NO_3)_2$-Lösung

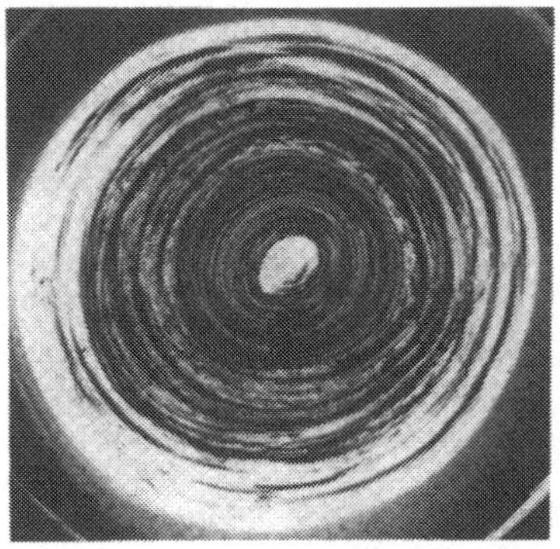

Bild 6a
Gelscheibe mit 0,35 n $TlNO_3$-Lösung

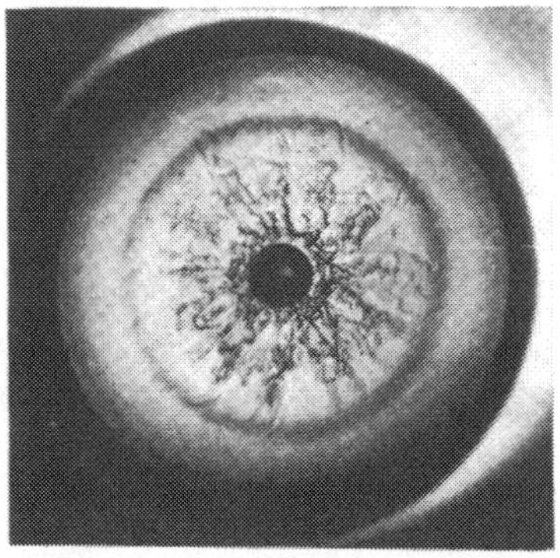

Bild 7
Gelscheibe mit 1 n $Fe(NO_3)_3$-Lösung

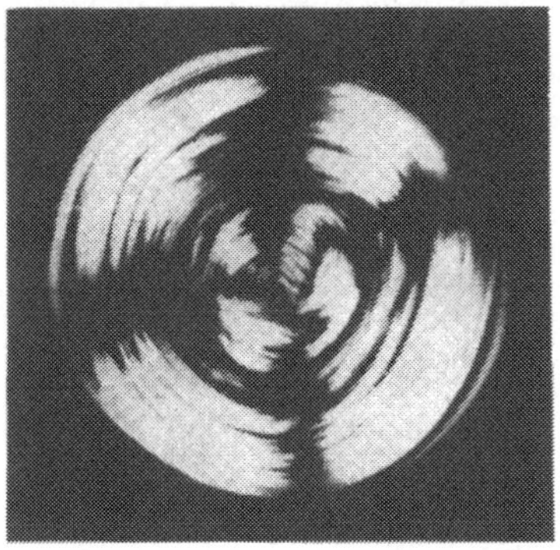

Bild 5b. Wie Bild 5a, im polarisierten Licht bei gekreuzten Polars

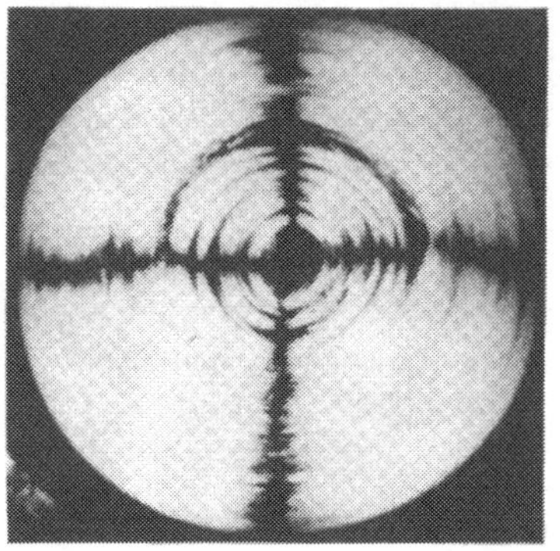

Bild 6b. Wie Bild 6a im polarisierten Licht bei gekreuzten Polars

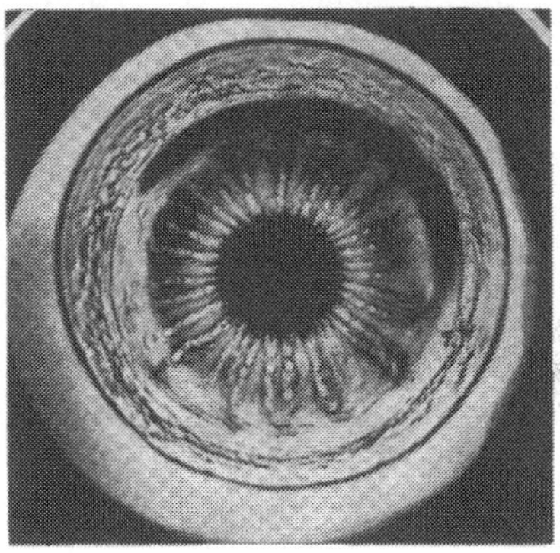

Bild 8
Gelscheibe mit $Hg(NO_3)_2$-Lösung

Die äußere Lamellierung ist infolge starker Kontraktionen der abgeschiedenen Membranen ungleichmäßig aufgetürmt und erhöht. Wie Bild 5b erkennen läßt, bilden sich die Membranen in der doppelbrechenden Gelscheibe des Ni-Cellulosexanthogenates nicht völlig konzentrisch um das Elektrolytzentrum aus, denn die Kompensationslinien des Achsenkreuzes verlaufen nicht im rechten Winkel zueinander. Die Membranen des Ni-Cellulosexanthogenates sind im frischen Zustand gelblich/grün gefärbt. Zwischen den Membranen der äußeren Bereiche werden auch unregelmäßige und feine Kapillaren ausgebildet.

Diffundieren Tl-Ionen aus einer gesättigten $TlNO_3$-Lösung ($\triangleq$ 0,35 n $TlNO_3$) in das Na-Cellulosexanthogenatsol, so entsteht die in den Bildern 6a und b dargestellte schalige Gelstruktur. Um den Elektrolyttropfen werden tangential und konzentrisch schwach gelbliche doppelbrechende Membranen ausgebildet. Die Membranenbildung ist anfangs, ähnlich wie bei der Ni-Cellulosexanthogenatbildung, nur als eine zitternde Bewegung wahrzunehmen, dann verlangsamt sich die Membranbildung. Die äußeren Lamellen sind oft unregelmäßig überlappt und meist aufgestockt, so daß die Doppelbrechung abgesehen vom Orientierungsgrad durch die Anwesenheit von mehr Substanz pro Fläche ansteigen muß.

An der Peripherie der Gelscheibe wird die Membranlamellierung wieder schwächer. Bei stärkerer Vergrößerung der Lamellierung kann man, wie Bild 6a zeigt, zwischen den Membranen eine feine Kapillarstruktur erkennen. Zwischen der inneren und äußeren Membranlamellierung entsteht oft eine Zone, die keine einheitliche Strukturierung aufweist, wenig Membranen enthält und deshalb auch weniger doppelbrechend ist.

Die in Bild 7 mit Fe(III)-Ionen dargestellte Gelscheibe zeigt eine uneinheitliche, vom Elektrolytzentrum ausgehende radiale Strukturierung. Um die unregelmäßigen, kapillarähnlichen Schläuche wird ein brauner Ring aus $Fe(OH)_3$ ausgebildet, an den sich dann eine schwach bräunlich gefärbte homogene, doppelbrechende Zone anschließt. Die Gelscheibe ist schwach doppelbrechend. Es muß allerdings bemerkt werden, daß die auf das Na-Cellulosexanthogenat aufgetropfte 1 n $Fe(NO_3)_3$-Lösung einen pH-Wert von 1,5 aufweist, wodurch teilweise Hydratcellulose entsteht, die stark schrumpft und schwache Doppelbrechung hervorbringen kann. Auch die mit Hg-Ionen erhaltene Gelscheibe (Bild 8) weist, abgesehen von den Membranen um den Tropfen, radiale Strukturen auf. Die zylindrischen Schläuche biegen am Ende zum Teil nach oben um und erzeugen so an der Geloberfläche Öffnungen. Die sonst isotrope, stark getrübte Gelscheibe besitzt nur am Gelrand eine schmale, schwach doppelbrechende Zone. Die $Hg(NO_3)_2$-Lösungen reagieren ebenfalls stark sauer, ihr pH-Wert liegt um 1,5. Dies muß bei der Instabilität der Na-Cellulosexanthogenatsole berücksichtigt werden.

Bei der Diffusion von Ag-Ionen in das Cellulosexanthogenatsol bildet sich eine stark braun gefärbte Gelscheibe aus.

Vom Elektrolytzentrum aus werden wieder größere, unregelmäßige Kapillarschläuche ausgebildet. Im polarisierten Licht bei gekreuzten Polars kann man erkennen, daß die mit Ag-Ionen gebildete Gelscheibe besonders in den äußeren Bereichen schwach doppelbrechend ist.

Diffundieren Sn-Ionen aus einer gesättigten, stark hydrolysierten $SnCl_2$-Lösung in das Sol ein, so entstehen überwiegend radiale Strukturierungen (Bild 9). Die ganz schwach auftretende Doppelbrechung muß nicht die Folge einer Teilchenorientierung durch die Sn-Ionen sein, sie kann auch durch die Hydratcellulose hervorgerufen werden, die durch die stark saure $SnCl_2$-Lösung (pH-Wert = 1,1) aus dem Sol entsteht und schrumpft.

Radiale Strukturen treten auch in mit Fe(II)-Ionen ($FeSO_4$-Lösung) hergestellten bräunlichen Gelen auf. Die großen radialen Kanäle biegen bereits nach etwa 1 mm vom Elektrolytzentrum nach oben um und erzeugen die in Bild 10 sichtbaren Öffnungen um den Elektrolyttropfen. Es hat den Anschein, daß Elektrolytlösung durch diese Kanäle strömt und durch die Öffnungen in das Sol diffundiert.

Ähnliche Strukturen treten in den mit Th-Ionen erhaltenen trüben Gelscheiben auf. Die radial verlaufenden Kapillarschläuche, die am Elektrolytzentrum oder in einiger Entfernung davon beginnen, biegen nach kurzem Verlauf zur Geloberfläche um und bilden dadurch ovale bis runde Öffnungen aus, die in Bild 11 in etwa gleicher Entfernung vom Elektrolytzentrum auftreten. Im polarisierten Licht bei gekreuzten Polars leuchten die Wandungen der im Durchmesser etwa 500 µm starken Öffnungen auf

Abgesehen von einem doppelbrechenden Halo um den Elektrolyttropfen und von dem doppelbrechenden Gelscheibenrand sowie den schwach doppelbrechenden Kapillarschläuchen ist die trübe Gelscheibe isotrop.

Bei der Diffusion von Gegenionen aus $La(NO_3)_3$-, $Al(NO_3)_3$-, $Cr(NO_3)_3$- oder $Mn(NO_3)_2$-Lösungen in das Na-Cellulosexanthogenatsol entstehen keine doppelbrechenden Gele mit für die geordnete Gelbildung charakteristischen Strukturelementen.

Auch mit Erdalkali-Ionen ($Ca^{2+}$, $Sr^{2+}$, $Ba^{2+}$) erfolgt keine anisotrope Gelbildung. In der isotropen, sehr weichen Gelmasse, die mit Ba-Ionen entsteht, wachsen doppelbrechende Kristalle, die mit der Entfernung von der Eintropfstelle größer werden. Tropft man Na- oder $NH_4$-Ionen aus 1 n Lösungen auf das Na-Cellulosexanthogenatsol, so erfolgt nur in unmittelbarer Nähe der Eintropfstelle eine trübe Flockung, die sich mikroskopisch noch als eine poröse Gelstruktur erkennen läßt (Bild 12).

Bei der Einwirkung von H-Ionen auf das Na-Cellulosexanthogenatsol wird es zersetzt. Läßt man nun einen Tropfen einer 1 n $HNO_3$-Lösung auf das Sol auffallen, so wird der Tropfen von einer doppelbrechenden Membran umgeben. Das durch die eindiffundierenden H-Ionen entstehende Hydratcellulosegel ist isotrop. Durch die Zersetzung des Na-Cellulosexanthogenates wird die Cellulose ihrer wichtigsten Hydratationszentren beraubt, deshalb schrumpft das Hydratcellulosegel stark. Im Bild 13 sind die Schrumpfungsstrukturen an der Oberfläche des Hydratcellulosegeles zu erkennen. In dem isotropen trüben Cellulosegel werden wenige größere, unregelmäßig auftretende Dehydratationswege ausgebildet.

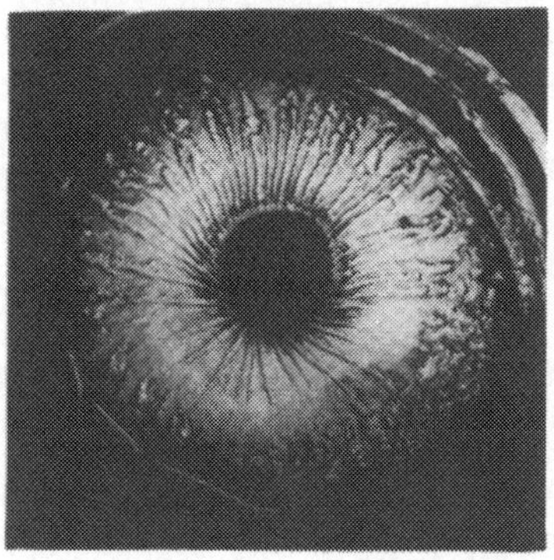

Bild 9. Gelscheibe mit gesättigter $SnCl_2$-Lösung

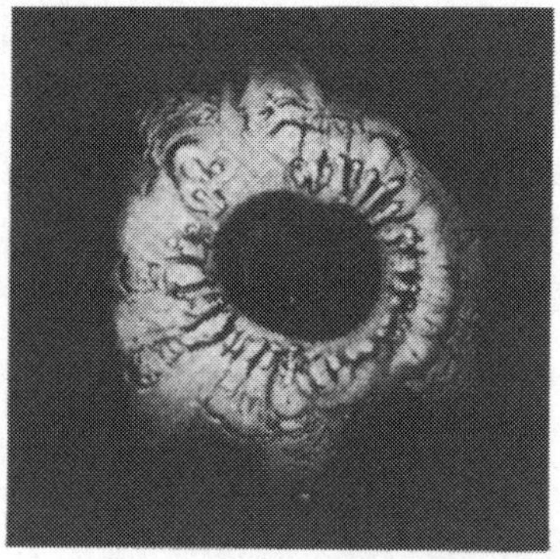

Bild 10 Gelscheibe mit $FeSO_4$-Lösung

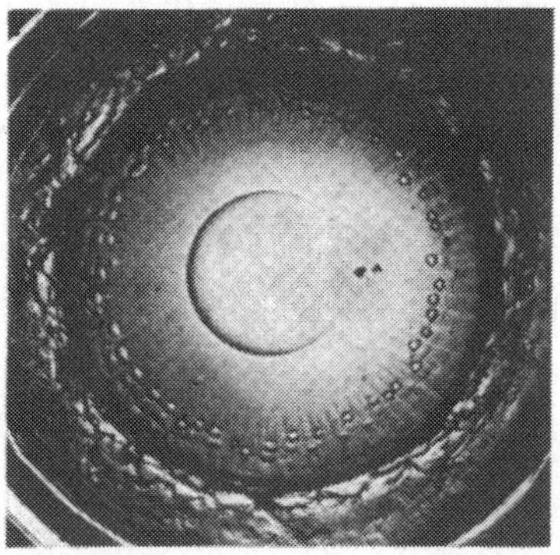

Bild 11 Gelscheibe mit 1 n $Th(NO_3)_4$-Lösung

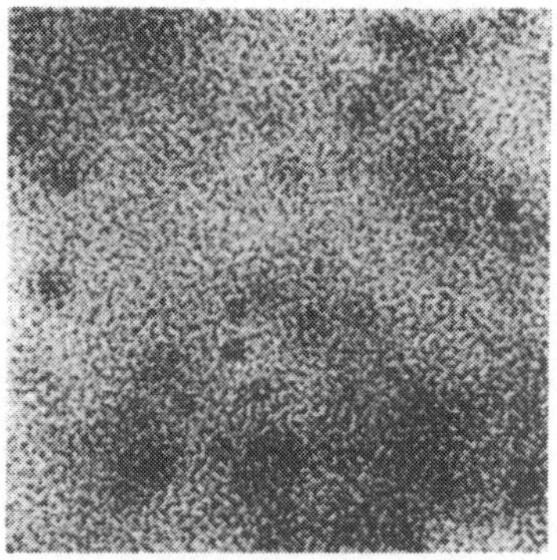

Bild 12 Isotrope Flockung durch 1 n $NH_4NO_3$- oder 1 n $NaNO_3$ Lösung, 150:1

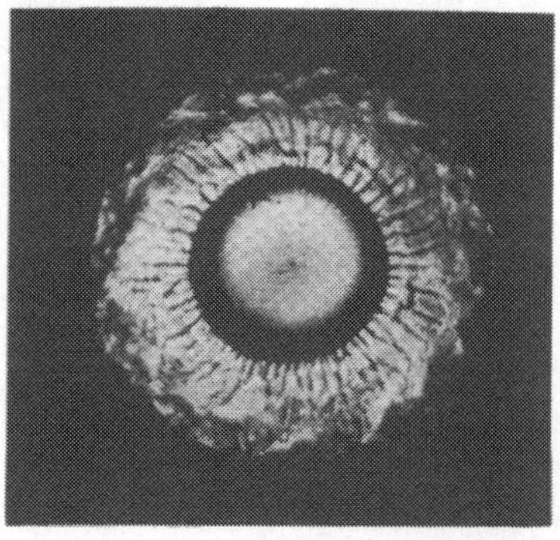

Bild 13 Gelscheibe mit 1 n $HNO_3$-Lösung

*2. Diskussion*

Beobachtet man die bei der Einwirkung der verschiedenen Gegenionen durch Auftropfen der Elektrolytlösungen auf die Oberfläche des Cellulosexanthogenatsoles einsetzenden Vorgänge, so zeichnen sich drei verschiedene Erscheinungen beim ersten Kontakt zwischen Elektrolyt und Sol ab.

2.1. An der Berührungsfläche zwischen Sol und Elektrolyt bildet sich sofort eine Membran, die augenblicklich kontrahiert. Der Elektrolyttropfen wird von der Membran quasi aufgefangen, er bleibt linsenförmig auf der Oberfläche liegen, da die sich nicht benetzende Membran Sol und Elektrolytlösung voneinander trennt. Der Elektrolyttropfen nimmt bald an Volumen zu, so daß nach kurzer Zeit die Oberflächenspannung des Tropfens einen Niveauausgleich nicht verhindern kann. Die Elektrolytlösung läuft über die trennende Membran und wird augenblicklich von einer neugebildeten Membran aufgefangen. Anfangs wiederholen sich diese Vorgänge so rasch, daß sie nur als eine amöbenartige Bewegung wahrzunehmen sind. Mit fortschreitender Gelbildung verlangsamen sich infolge der abnehmenden Elektrolytkonzentration diese Membranbildungen. Man kann diesen Vorgang der Gelbildung im Mikroskop verfolgen, denn die im Sol zunächst nur schwach erkennbare neue Membran wird unter Kontraktion an die um den Elektrolyttropfen bereits gebildete kleine Gelscheibe herangezogen. Diese Vorgänge der Gelbildung führen zur Ausbildung einer Gelscheibe mit tangentialer und konzentrischer Membranlamellierung, wie sie beim Tl-Cellulosexanthogenatgel und zum Teil auch beim Ni-Cellulosexanthogenatgel (vergleiche Bild 5 und 6) beobachtet werden kann.

*Thiele* und *Andersen* [6] haben nachgewiesen, daß diese schalige Struktur für die Gegenionen charakteristisch ist, die bei der Gelbildung eine starke Teilchenorientierung bewirken, wie sie z. B. durch Pb- oder Cd-Ionen beim Na-Alginat erfolgt. Sie bezeichnen die bei der ionotropen Gelbildung durch stark richtende Gegenionen auf die oben dargestellte Weise entstandenen Gele als Geltyp 1.

Die Entstehung dieses Geltyps erfolgt immer dann, wenn in einer schmalen unbenetzten Zone vier Phasen aufeinandertreffen.

Gegen die im Sol neu gebildete, nicht benetzende Membran wölben sich unter Ausbildung von Randwinkeln Sol und Elektrolyt auf, und an die unbenetzte Membranoberfläche grenzt die Luft. Unter dem Einfluß dieser Bedingungen wird die tangentiale Lamellierung ausgebildet, die dem Gel ein spezifisches Aussehen gibt. Nach Ansicht der Autoren hat die Volumenzunahme des Elektrolyttropfens kurze Zeit nach dem Auftropfen auf die Soloberfläche folgende Gründe. Einmal werden die hydrophilen Kolloidteilchen bei der Membranbildung teilweise dehydratisiert. Das freiwerdende Wasser wird teilweise von dem Tropfen aufgenommen. Zum anderen ist die Membran permeabel, so daß der Elektrolyt dem Sol durch osmotische Kräfte Wasser entzieht und sich verdünnt. Ferner wird durch die Kontraktion der Membran der Tropfen aus dem Sol herausgehoben. Läuft nun der Elektrolyttropfen durch die Aufhebung des Benetzungsverzuges nicht gleichmäßig über, werden die Membranen unregelmäßig an das Gel herangezogen. Eine solche unregelmäßige Gelbildung kann man beim Ni-Cellulosexanthogenatgel beobachten, wie sie auch aus der unkonzentrischen Anordnung der Membranen im Zentrum des Bildes 5b zu erkennen ist.

Wenn auch mit zunehmender Gelbildung der Elektrolyttropfen flacher wird und sich zu einem Flüssigkeitsfilm auf der Geloberfläche ausbreitet, bleibt doch immer eine unbenetzte Gelzone zwischen Sol und Elektrolyt bestehen. Bei der Versuchsführung mit Na-Cellulosexanthogenatsol im Überschuß enthält deshalb bei Versuchsende, d. h., wenn der Radius der Gelscheibe nicht mehr zunimmt, die Flüssigkeit auf der Geloberfläche keinen gelbildenden Elektrolyt mehr. Das überstehende Wasser wird schließlich vom überschüssigen Randsol aufgenommen, daher ist die Gelscheibe trokken.

2.2. Eine andere Erscheinung beim Auftropfen von Elektrolyt auf die Oberfläche des Cellulosexanthogenatsols ist die, daß der Tropfen kurze Zeit nach dem Aufsetzen aufhört überzulaufen oder erst gar nicht von neuen Membranen aufgenommen wird. Der Tropfen bleibt dabei unbenetzend, wie eine Perle, auf der wachsenden Gelscheibe liegen.

Die Gegenionen des Elektrolyten diffundieren aus dem Tropfen durch die Membran in das Sol. Durch die osmotischen Vorgänge nimmt das Volumen des Tropfens zu, die ihn aufgefangene Membran kontrahiert und hebt ihn aus dem Sol heraus. Trotzdem kommt es nicht zu einem Überlaufen des Tropfens bzw. es hört nach kurzer Zeit wieder auf, so daß der Benetzungsverzug bestehen bleibt. Die auf diese Weise z. B. durch Zn-, Co-, Fe- und Cd-Ionen entstandenen Gelscheiben zeigen vorwiegend radiale Strukturen, jedoch auch recht unspezifische Strukturierungen, die aber für die einzelnen Ionen spezifisch sind (siehe Bilder 1, 2, 4 und 7). Die Geloberfläche ist von Versuchsbeginn an trocken. Erst nach völligem Verbrauch der gelbildenden Gegenionen wird das Wasser des Tropfens vom Randsol aufgenommen. Von *Thiele* wird die Art dieser Gelbildung, bei der der Elektrolyttropfen nicht überläuft und unbenetzend auf der Gelscheibe liegen bleibt, mit Geltyp 2 bezeichnet. Er vermutet, daß die zwischen Elektrolytlösung und Membran sowie zwischen Sol und Membran auftretenden Oberflächenspannungen für seine Ausbildung verantwortlich zu machen sind. Der Geltyp 2 entsteht nach *Thiele* immer dann, wenn schwächer richtende Gegenionen, wie z. B. Ca- oder Sr-Ionen, die beim Na-Alginat eine schwächere Dehydratisierung und Membrankontraktion bewirken, in ein Sol diffundieren, oder wenn das Sol Neutralsalze, Farbstoffe, unterschiedliche Arten und Fraktionen von Makromolekülen oder andere Fremdstoffe enthält. Ist also innerhalb weniger Sekunden nach dem Auftropfen auf das Sol der Elektrolyttropfen nicht übergelaufen, bleibt auch mehrfaches Anstechen des Tropfens mit einer Nadel wirkungslos, so erfolgt die Gelbildung nach Geltyp 2.

Da das Sol des Polyelektrolyten Na-Cellulosexanthogenat infolge seiner Instabilität mit der Zeit steigende Mengen an Salzen, wie $Na_2S$ oder $Na_2CS_3$, enthält, bildet sich mit den einzelnen Gegenionen vorwiegend der Geltyp 2 mit radialen oder ionenspezifischen Strukturierungen aus, unabhängig von der Affinität zwischen den Gegenionen und den Xanthogenatgruppen und den Eigenschaften der verschiedenen Metallcellulosexanthogenate.

Auch mit Tl-Ionen läßt sich der Geltyp 2 ausbilden, wenn das Cellulosexanthogenatsol nach längerer Zeit der Herstellung größere Mengen an $Na_2S$ und $Na_2CS_3$ enthält. Es werden dann um den Tropfen keine tangentialen Membranen wie in Bild 6 gebildet, sondern feine, radial verlaufende Kapillaren, wie sie ähnlich mit Zn-Ionen im Bild 1 auftreten.

2.3. Schließlich wird beim Auftropfen von Elektrolyt auf das Cellulosexanthogenatsol keine Membran ausgebildet, die den Elektrolyten vom Sol trennt. An der Eintropfstelle entsteht z. B. mit Na- oder $NH_4$-Ionen nur eine trübe Flockung, die ein poröses Gefüge aufweist.

Stellt man das Gel des Tl-Cellulosexanthogenates dem des Zn-Cellulosexanthogenates gegenüber, die ja nach unterschiedlichen Bildungsvorgängen entstanden sind, so könnte man auf Grund der unterschiedlichen Anordnung der Strukturelemente in den beiden Gelen (beim Tl-Cellulosexanthogenat überwiegend tangentiale Lamellierung, beim Zn-Cellulosexanthogenat im Zentrum Anordnung von Radialkapillaren mit den sich anschließenden doppelbrechenden homogenen Gebieten) zunächst zu der Auffassung neigen, daß auch die Teilchenorientierung in beiden Gelen unterschiedlich erfolgt. Jedoch beweist das unveränderte optische Vorzeichen, daß die Cellulosexanthogenatteilchen in beiden Gelen gleich angeordnet sind. Das heißt also, daß die Membranen im Zn-Cellulosexanthogenat ebenfalls tangential verlaufen wie im Tl-Cellulosexanthogenat; die Cellulosexanthogenatteilchen werden senkrecht zu den eindiffundierenden Gegenionen angeordnet.

Die geordneten Metall-Cellulosexanthogenatgele sind ebenfalls wie die Metall-Alginate im gequollenen Zustand positiv doppelbrechend, bezogen auf die Längsachse der anisometrischen Kolloidteilchen.

Die beim Cellulosexanthogenat mit den einzelnen Gegenionen erhaltenen Gele weisen also im allgemeinen uneinheitliche Strukturierungen auf. Eine Kompensation der im polarisierten Licht bei gekreuzten Polars auftretenden Gangunterschiede der geordneten, doppelbrechenden Gele bereitet deshalb, abgesehen von den unterschiedlichen Gelbildungsweisen, Schwierigkeiten, wie auch die gewinkelten Arme des Achsenkreuzes in den Bildern 1c und 5b zeigen.

*Thiele* hat die Messungen der Gangunterschiede zur Ermittlung der Richtwirkung der einzelnen Gegenionen soweit möglich nur an Gelen durchgeführt, die nach dem Typ 1 entstanden waren, obgleich auch nach dieser Bildungsweise auf Grund der die Teilchenorientierung bestimmenden Richtung des Ionenstroms eine Gelscheibe mit uneinheitlichem optischem Charakter entsteht. Die Doppelbrechung dieser Gelscheibe nimmt vom Zentrum zum Rande hin zu.

Beim Na-Cellulosexanthogenat entstehen nun mit verschiedenen Gegenionen vorwiegend Gelscheiben nach dem Typ 2. Trotzdem wurde der Versuch unternommen, die in einigen Metall-Cellulosexanthogenatgelen auftretende Doppelbrechung zu messen. Die Kompensation der Gangunterschiede ($\Gamma$) mit einem Drehkompensator nach *Ehringhaus* erfolgte in einem Polarisations-Arbeitsmikroskop (Polmi A, VEB Carl Zeiss Jena) bei 40facher Vergrößerung. Gemessen wurden die Gangunterschiede der äußeren Bereiche von der Gelscheibe. In Tabelle 1 sind die Gangunterschiede ($\Gamma$ in nm) von einigen Versuchsreihen unter jeweils gleichen Bedingungen für die Tl-, Ni-, Cd-, Zn-, Co- und Fe-Cellulosexanthogenatgele zusammengestellt.

*Tabelle 1. Doppelbrechung als Gangunterschied in nm an Metall-Cellulosexanthogenatgelen*

| Gegenionen | Doppelbrechung als Gangunterschied [nm] Versuch 1 | 2 | 3 | 4 |
|---|---|---|---|---|
| $Tl^+$ | 287 (150) | 289 (147) | — | 117 |
| $Ni^{2+}$ | (56) | 204 (53) | 114 | (100, 75) |
| $Cd^{2+}$ | 39, 36 | 134 | 66 | 55, 47 |
| $Zn^{2+}$ | 35, 31 | 46, 26 | 26 | 37, 13 |
| $Co^{2+}$ | 15, 11 | 22 | 23 | 18, 21 |
| $Fe^{3+}$ | 12, 7 | — | — | 14, 10 |

($\Gamma$) in den inneren Bereichen der Gelscheibe gemessen.

Wie man aus Tabelle 1 entnehmen kann, streuen die Gangunterschiede für ein Gegenion von Versuch zu Versuch in großen Fehlerbereichen. Auch innerhalb von 10 Messungen ein und derselben Gelscheibe tritt eine breite Streuung der Gangunterschiede auf.

Es zeichnet sich jedoch innerhalb einer Meßreihe eine Tendenz in der Weise ab, daß man sagen kann, die Gangunterschiede der mit Tl- und auch mit Ni-Ionen hergestellten Gelscheiben sind größer als die der mit Cd-, Zn-, Co- oder Fe-Ionen gebildeten Gele. Da nun der polarisationsoptisch gemessene Gangunterschied komplex mit der Ordnung der Gele zusammenhängt, ergibt sich, daß die Thallium-Ionen eine größere Richtwirkung auf die Cellulosexanthogenatteilchen ausüben als die Zn-Ionen, zumal auch die Struktur beim Geltyp 1 charakteristisch für stark richtende Ionen ist und die $TlNO_3$-Lösungen eine Konzentration von 0,35 n gegenüber 1 n der $Zn(NO_3)_2$-Lösungen aufweisen.

Man kann also für die Richtwirkung der Gegenionen auf das Na-Cellulosexanthogenat unter den oben gemachten Einschränkungen folgende Reihenfolge diskutieren $Tl^+$, $Ni^{2+} > Cd^{2+} > Zn^{2+}$, $Co^{2+}$, $Fe^{3+}$.

### 3. *Zusammenfassung*

1. Nur bestimmte Gegenionen sind bei der Diffusion in das Sol befähigt, durch Brücken- oder Komplexbildung die anisometrischen Cellulosexanthogenatmoleküle im Sinne der ionotropen Gelbildung zu ordnen.
   Die geordnete Gelbildung muß auf spezifische Affinitätsverhältnisse zwischen Xanthatgruppe und Gegenionen und auf die damit verbundene Hydratation zurückgeführt werden.
2. Beim Thallium-Cellulosexanthogenatgel und anfangs auch beim Nickel-Cellulosexanthogenatgel erfolgt die geordnete Gelbildung nach dem Geltyp 1.
3. Mit den Gegenionen wie $Zn^{2+}$, $Co^{2+}$, $Fe^{3+}$ und $Cd^{2+}$ wird auch eine geordnete Gelbildung hervorgerufen. Sie erfolgt nach Geltyp 2.
4. Bei der Gelbildung wird sowohl die Hydrophilie als auch die Ladung vermindert. Einige Gegenionen dehydratisieren die Cellulosexanthogenatteilchen so stark, daß sich anstatt der wasserreichen, transparenten und mechanisch festen Gele weiche und spröde, trübe, amorphe oder kristalline Niederschläge bilden. Mit Pb- und Cd-Ionen werden besonders um das Zentrum weiche, trübe und isotrope Gele erhalten.

5. Mit Alkali- oder Ammonium-Ionen kommt es beim Auftropfen dieser Elektrolytlösungen auf die Soloberfläche nicht zur Ausbildung von Membranen, die als augenblicklich gebildete Grenzfläche die Elektrolytlösung von dem Sol trennen würde. Die um die Eintropfstelle auftretende trübe, isotrope Flockung läßt sich mikroskopisch noch als ein poröses und schwammartiges Gelgefüge erkennen und muß als Folge einer kolloiden Entmischung angesehen werden.
6. Die Koagulation mit H-Ionen (z. B. Salpetersäure) erfolgt unter gleichzeitiger Zersetzung des Na-Cellulosexanthogenates. Das daraus resultierende Hydratcellulosegel ist isotrop und kann, abgesehen von Schrumpfungsstrukturen, einige größere Dehydratationskanäle in radialer Anordnung aufweisen.
7. Zur Ermittlung der Richtwirkung der Gegenionen auf die Cellulosexanthogenatteilchen wurde der Gangunterschied in den doppelbrechenden Gelscheiben gemessen. Es läßt sich eine Abstufung der Gangunterschiede in der Reihenfolge Tl-, Ni- > Cd- > Zn-, Co-, Fe-Ionen feststellen.

*Literatur*

[1] *Gröbe, A., Purz, H.-J., Maron, R.,* und *Klare, H.:* Untersuchungen über die geordnete Koagulation von Na-Cellulosexanthogenatlösungen. Faserforsch. u. Textiltechnik **14** (1963) 9, S. 347—351.

[2] *Gröbe, A., Purz, H.-J.,* und *Maron, R.:* Ordnungsvorgänge bei der Gelbildung aus Cellulosexanthogenatsolen. J. Polymer Sci., C: Polymer Symposia **16** (1967) 3047 bis 3057.

[3] *Purz, H. J.:* Geordnete Koagulation von Na-Cellulosexanthogenat. Chim. Volokna (Chem. Fasern) (1964) 6, S. 37—40.
*Purz, H.-J.:* Geordnete Gel- und Strukturbildung von Na-Cellulosexanthogenat durch Ionendiffusion. Dissertation, Universität Leipzig 1966.

[4] *Thiele, H.:* Richtwirkung von Ionen auf anisotrope Kolloide-Ionotropie. Naturwiss. **34** (1947) 4, S. 123.
—: Ordnen von Fadenmolekülen durch Ionendiffusion — ein Prinzip der Strukturbildung. Protoplasma **58** (1964) 2, S. 318—341.
*Thiele, H., Plohnke, K., Brandt, E.,* und *Moll, G.:* Ordnen von Polyelektrolyten durch Ionendiffusion. Kolloid-Z./Z. Polymere **182** (1962) S. 24—35.

[5] *Russel, C. R., Buchanan, R. A., Rist, C. E., Hofreiter, B. T.,* und *Ernst, A. J.:* Cereal pulps. I. Preparation and application of cross-linked cereal xanthates in paper products. Tappi, New York **45** (1962) 7, S. 557 bis 566.

[6] *Thiele, H.,* und *Andersen, G.:* Ionotrope Gele von Polyuronsäuren. Kolloid-Z./Z. Polymere **140** (1955) S. 76 bis 102; **142** (1955) S. 5—24; **143** (1955) S. 21—32.

*Eingegangen am 13. Mai 1968*

# Anatomische Untersuchungen am Lärchenholz (Larix decidua Miller)

*Gerhard Casperson*

*Deutsche Akademie der Wissenschaften zu Berlin, Institut für Faserstoff-Forschung in Teltow-Seehof*

DK 674.032.14:674.038.15:581.4:535.827.2:537.533.35

Lärchenholz wurde licht- und elektronenmikroskopisch untersucht. Das Normalholz ist gekennzeichnet durch auffallend große und dünnwandige Frühholzzellen und dickwandige Spätholzzellen, wobei Früh- und Spätholz scharf gegeneinander abgesetzt sind. Auch im Reaktionsholz ist dieser Unterschied zwischen Früh- und Spätholz zu erkennen, so daß hier dünnwandige neben dickwandigen abgerundeten Reaktionsholzzellen auftreten. Die Sekundärwand ist von einem radial-schraubigen Spaltensystem durchzogen, das nicht identisch mit den Spiralverdickungen der $S_3$ im Normalholz ist. Die $S_1$ ist besonders breit im Reaktionsholz angelegt. Der Bau von einfach und doppelt behöften Tüpfeln beim Reaktionsholz wird diskutiert.

*Анатомические исследования древесины лиственницы (Larix decidua Miller)*

Проведено исследование древесины лиственницы с применением микроскопического и электронномикроскопического методов. Для нормальной древесины характерно наличие весьма больших и тонкостенных клеток весенней древесины и толстостенных клеток летней древесины с резкими разграничениями между ними. Это различие видно также в креневой древесине, где наблюдаются тонкостенные и толстостенные округленные клетки. Вторичная стенка пронизана системой радиально расположенных винтообразных щелей, которая не является идентичной со спиральными утолщениями слоя $S_3$ в нормальной древесине. Слой $S_1$ в креневой древесине оказывается особенно широким. Обсуждено строение простых и окаймленных пор в креневой древесине.

*Investigations on the Anatomy of Larch Wood (Larix decidua Miller)*

The anatomy of larch wood has been investigated by optical and electron microscopy. Normal wood exhibits distinctly large thin-walled spring wood cells and thick-walled summer wood cells, both types of cells being sharply ciscernible. This difference between spring and summer wood was also revealed in reaction wood, wherein rounded-off thin-walled reaction wood cells are associated with thick-walled ones. A system of radial helical fissures, showing no identity with the helical thickenings of the $S_3$ in normal wood, occurs in the secondary wall. The $S_1$ in reaction wood was found to be very large. The structure of bordered pits and bordered pit pairs in reaction wood is discussed.

## 1. *Einleitung*

In zunehmendem Maße wird in Mitteleuropa die Lärche wegen ihrer Schnellwüchsigkeit einerseits und der relativ hohen Rauchresistenz andererseits zur Aufforstung benutzt, wobei neben verschiedenen Provenienzen von Larix decidua auch L. leptolepis und der Bastard L. decidua × L. leptolepis = L. eurolepis verwendet werden [28, 29, 33, 41, 42, 43, 46, 47]. Das Aufkommen größerer Mengen Lärchenholz kann als Rohstoff für die Papier- und Zellstoffindustrie eine Bedeutung erlangen, zumal die technischen Möglichkeiten bereits geprüft sind [26, 40, 45].

Aus den zur Zeit laufenden Untersuchungen möchte ich in dieser Veröffentlichung auf einige anatomische Probleme, hauptsächlich in der Gegenüberstellung von Normal- und Reaktionsholz, eingehen. Die Lärche scheint häufiger Reaktionsholzgewebe als andere Nadelbäume zu bilden, so daß man diesem morphologisch, chemisch und technologisch vom Normalholz abweichendem Gewebe erhöhte Beachtung schenken sollte. Die Ursachen der Reaktionsholzbildung speziell bei der Lärche liegen einmal in der Neigung bestimmter Herkünfte zur Krummwüchsigkeit, im Extremfall als sogenannter Säbelwuchs [43, 46, 47]; zum anderen reagiert die Lärche als ausgesprochener Lichtbaum stark heliotropisch, was ebenso wie einseitige Windwirkung zur Krummwüchsigkeit führen kann [42]. Obgleich in den letzten Jahren eine Reihe von Veröffentlichungen sich mit der Anatomie und speziell mit der Ultrastruktur der Zellwand des Reaktionsholzes bei Nadelbäumen beschäftigt haben [5 bis 10, 12, 50, 54], hat das Lärchenholz eine Reihe von Besonderheiten, die — auch im Hinblick auf einige strittige Fragen der Zellwandgenese — eine gesonderte Darstellung rechtfertigen[1]).

## 2. *Zur Methodik*

Die Untersuchungen wurden an Astholz (Herkunft Teltow) und Stammholz (Herkunft Institut für Forstwissenschaften Graupa und Zentralinstitut für Holztechnologie Dresden) durchgeführt. Die Präparationen für die Elektronenmikroskopie wurde, wie in früheren Arbeiten bereits ausführlich beschrieben, ausgeführt [10].

## 3. *Ergebnisse*

### 3.1. *Lichtmikroskopische Untersuchungen*

Lärche ist xylotomisch schwer zu charakterisieren, da die meisten Merkmale recht variabel oder aber auch für das Fichtenholz charakteristisch sind, so daß eine xylotomische Unterscheidung von Fichte und Lärche oft nicht möglich ist [16, 25, 56]. Im allgemeinen sind die Jahresringe deutlich ausgeprägt und das Spätholz stark gegen das Frühholz abgesetzt [3, 21]. Übereinstimmend mit den Literaturangaben nimmt der Frühholzanteil die Hälfte bis Zweidrittel des Jahresringes ein. Zum Beispiel fanden wir bei einem Jahresring von 4,575 mm Breite einen Frühholzanteil von 2,475 mm und einen Spätholzanteil von 2,100 mm. Dieser ausgesuchte Jahresring wurde in 100 µm dicke Tangentialschnitte zerlegt, wovon jeder vierte für Messungen der Faserlänge, Zellbreite und Zellwanddicke mazeriert und jeder dritte für elektronenmikroskopische Untersuchungen eingebettet wurde.

An den 16 ausgesuchten Tangentialschnitten, die in 10%iger Chromsäure und Salpetersäurelösung mazeriert wurden, haben wir jeweils 100 Messungen der Faserlänge, Faserdicke und Zellwanddicke vorgenommen. Nachfolgend sind die Mittelwerte aus vier aufeinanderfolgenden Schnitten des Frühholzes einerseits und des Spätholzes andererseits gegenübergestellt:

| | Frühholz | Spätholz |
|---|---|---|
| Faserlänge | 3,319 mm | 2,325 mm |
| Faserbreite | 53,98 µm | 31,13 µm |
| Zellwanddicke | 4,83 µm | 10,12 µm |
| Faserlumen | 44,32 µm | 10,89 µm |

[1]) Während der Drucklegung dieses Artikels erschien die Arbeit von *Cote, W. A., Day, A. C.,* und *Timell, T. E.*: Distribution of lignin in normal and compression wood of tamarack. Wood Sci. Technology **2** (1968) S. 13—37, deren Inhalt mir durch das freundliche Entgegenkommen von Prof. *Timell* bereits zugänglich gemacht worden war und daher in unserer Arbeit berücksichtigt werden konnte. Herrn Prof. *Timell* möchte ich auch für seine Anregungen danken.

Unsere vorläufigen Ergebnisse, die an einem größeren Material überprüft werden müssen, erbrachten längere Fasern im Frühholz gegenüber dem Spätholz. Die bisherigen Untersuchungen über Faserlängen bei anderen Nadelhölzern lieferten vielfach gegenteilige Ergebnisse, wie die Untersuchungen von *Bisset* und *Dadswell* [1] sowie *Bisset, Dadswell* und *Wardrop* [2] an Pinus pinaster, Pinus radiata und Pseudotsuga taxifolia zeigen, wobei aber vermerkt wird, daß die Unterschiede in der Faserlänge zwischen Früh- und Spätholz im allgemeinen nicht sehr stark ausgeprägt sind, so daß auch im Frühholz längere Fasern auftreten können [34, 48]. Es hat somit den Anschein, daß der sogenannte „Sägezahntyp" der Zellängenverteilung innerhalb des Jahresringes nicht immer zutrifft, sondern, wie *Süss* [44] für Laubhölzer nachwies, es unterschiedliche Typen geben kann. Daher sollten derartige Untersuchungen zur Klärung dieser auch für die Praxis interessanten Frage weiter durchgeführt werden.

Aus dem oben angegebenen Zahlenmaterial und dem Bild 1 ist zu ersehen, daß die Zellen im Frühholz auffallend groß und dünnwandig sind, so daß *Burgerstein* [4] dieses für ein brauchbares Merkmal zur xylotomischen Abgrenzung zum Fichtenholz hält. Im Gegensatz dazu ist das Spätholz ausgesprochen dickwandig [Bild 2a]. Die einzelnen Zellwandschichten heben sich, besonders auch im polarisierten Licht, kontrastreich voneinander ab [Bild 2b]. Die breite Mittelschicht ist der Mittellamelle und Primärwand zuzuordnen. Die $S_1$ fällt im polarisierten Licht als hell aufleuchtende Zone auf, während die $S_2$ dunkel bleibt. Die Lumenbegrenzung leuchtet ebenfalls auf und ist die sehr ausgeprägte $S_3$.

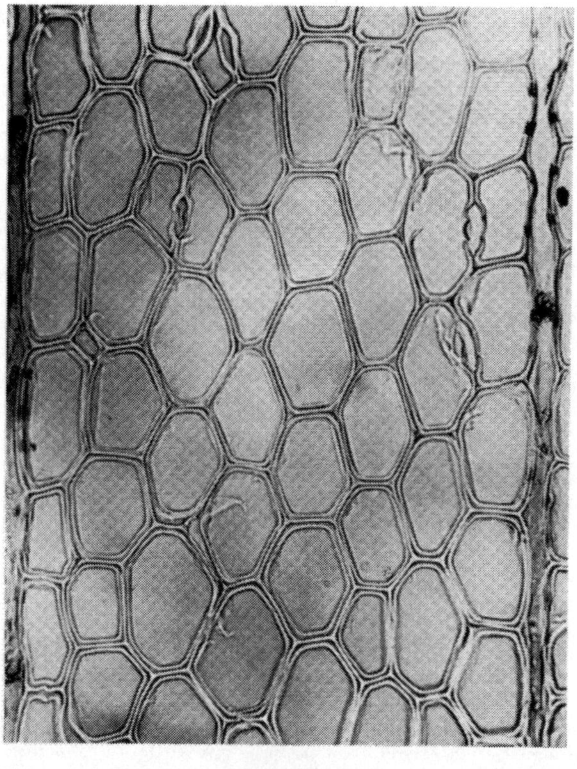

Bild 1. Querschnitt durch Normalholz mit Frühholzzellen. Vergr. 500:1

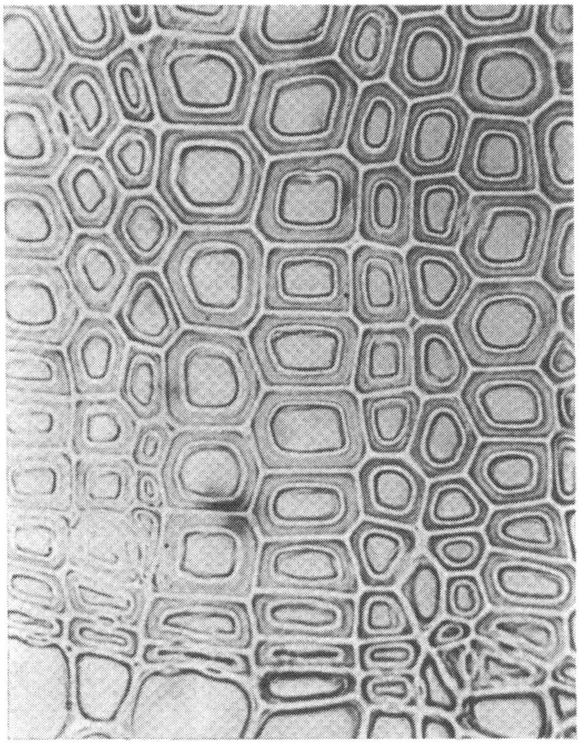

a)

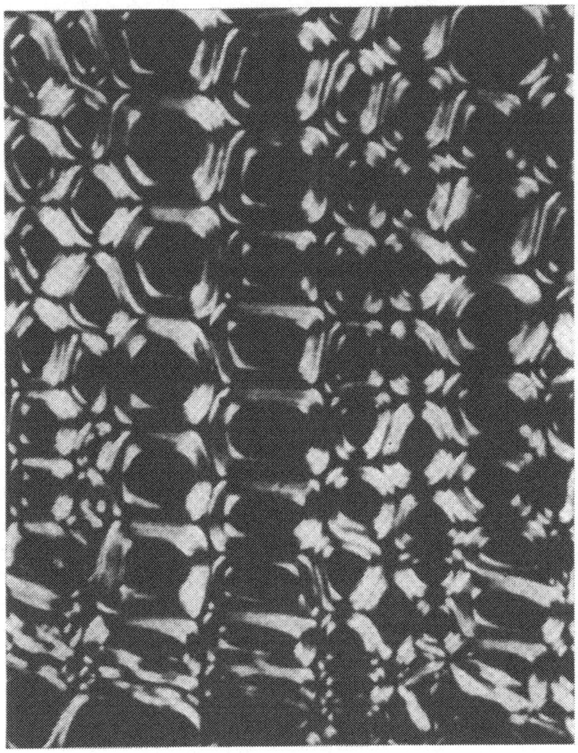

b)

Bild 2. Querschnitt durch Normalholz mit Spätholzzellen. Im normalen Licht (a) erscheint die Mittellamelle und Primärwand sowie die $S_3$ hell, die $S_1$ und $S_2$ dunkler; im polarisierten Licht (b) leuchten die $S_1$ und die $S_3$ hell auf. Vergr. 500:1

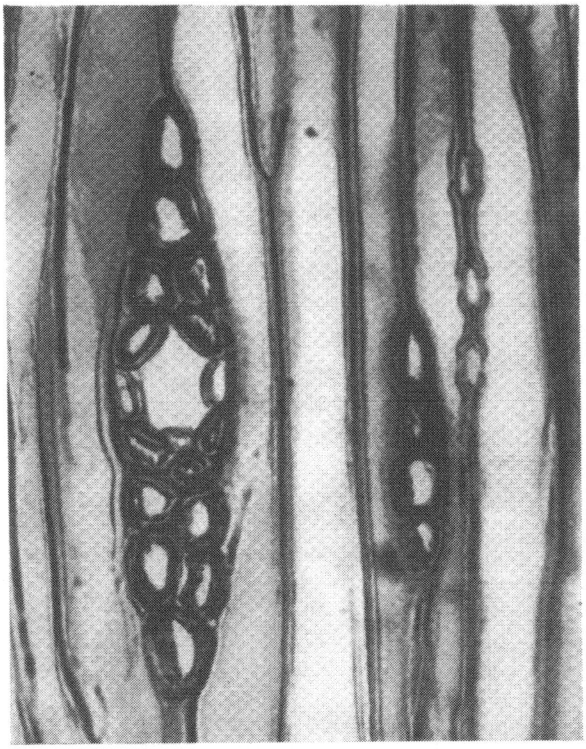

Bild 3. Tangentialschnitt durch Normalholz mit Frühholzzellen, uniseratem Markstrahl und transversalem Harzgang. Vergr. 500:1

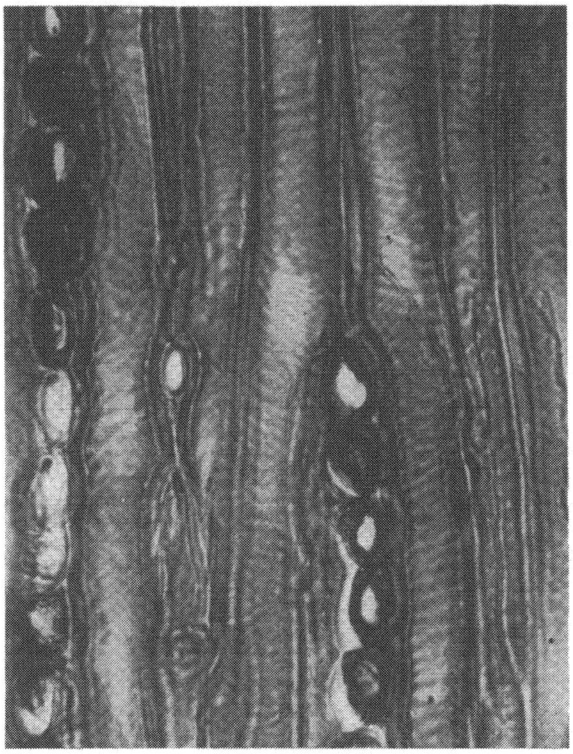

Bild 4. Tangentialschnitt durch Normalholz mit Spätholzzellen und uniseraten Markstrahlen. Spiralverdickungen der $S_3$. Vergr. 500:1

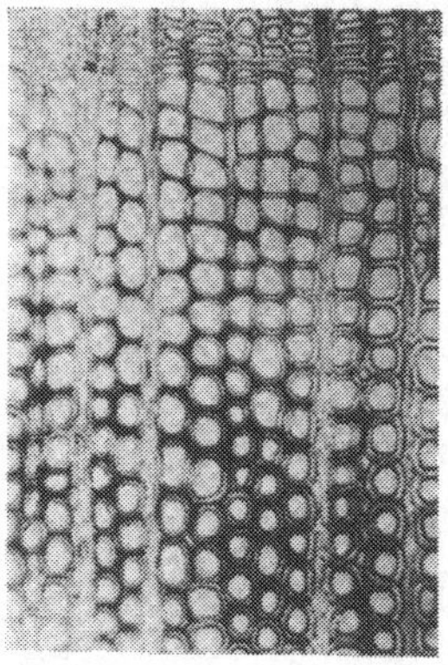

Bild 5. Querschnitt durch Reaktionsholz im Frühholzbereich. Die ersten Zellreihen im Jahresring sind rechteckig, Interzellularen und Spalten fehlen. Mit der Abrundung der Zellen treten Interzellularen und Spalten in der $S_2$ auf, Zellwände bleiben aber dünnwandig. Vergr. 125:1

In den Längsschnitten fallen beim Vergleich von Früh- und Spätholz neben der unterschiedlichen Faserbreite und Zellwanddicke die Spiralverdickungen der $S_3$ im Spätholz auf [Bilder 3 und 4]. Die Spiralverdickungen sind der $S_2$ aufgesetzt und verlaufen in einer flachen Schraubung und sind nicht identisch mit dem radialschraubigen Spaltensystem der $S_2$ in den Reaktionsholzzellen (vgl. Bild 8). In den Bildern sind außerdem noch uniserate Markstrahlen und ein transversaler Harzgang angeschnitten. Es ist versucht worden, die Höhe der Markstrahlen und die Zahl und Größe der Epithelzellen im Harzgang als Bestimmungsmerkmal zu benutzen [25], doch konnte *Diannelidis* [16] nachweisen, daß sich diese Merkmale beim Vergleich von Lärchenholz und Fichtenholz nicht statistisch sichern lassen.

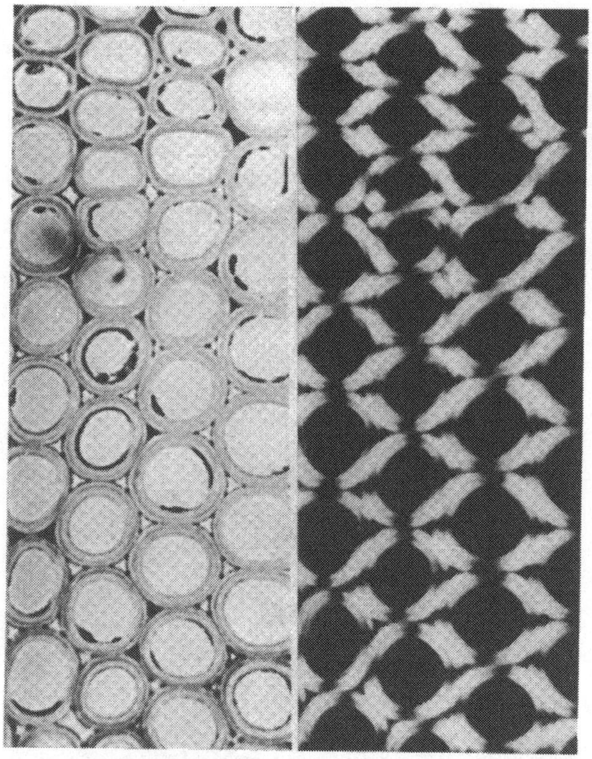

Bild 6. Querschnitt durch Reaktionsholzzellen im Frühholz mit dünnwandigen, abgerundeten Zellen und Interzellularen. $a$ = normales Licht; $b$ = gleiche Stelle im polarisiertem Licht, wobei die auffallend breit e$S_1$ hell aufleuchtet. Die $S_2$ leuchtet stärker als im Normalholz auf Grund der steileren Fibrillenorientierung (vgl. Bild 2b). $S_3$ fehlt. Vergr. 500:1

Das einzige sichere Kennzeichen für Lärchenholz sind die doppelreihig angelegten Hoftüpfel in den radialen Wänden der Tracheiden. Nach *Burgerstein* [4] sind diese Zwillingstüpfel nur in gut gewachsenem Holz, und zwar regelmäßig erst im Alter von zehn Jahren zu finden, was wir auch bestätigen konnten. Auch im Astholz sind sie seltener.

Das Reaktionsholz, bei Nadelbäumen auch Druckholz genannt, ist unter verschiedenen Aspekten von vielen Holzarten untersucht worden (vgl. Zusammenfassungen [9, 55]). Das Reaktionsholz findet sich meist in exzentrisch gewachsenen Stämmen auf der Seite des vermehrten Zuwachses, die oft die Unterseite krummwüchsiger Stämme ist. Im Querschnitt erscheinen die Reaktionsholzzellen abgerundet mit dazwischenliegenden Interzellularen (Bilder 5 bis 7). Bei den bisher untersuchten Nadelhölzern, wie Taxus [54], Picea [5, 6, 7] und Pinus [10] fanden wir stets, daß mit der Abrundung der Zellen auch eine starke Verdickung der Zellwände verbunden war, so daß bereits im Frühholz dickwandige Zellen auftreten. Bei Larix begegnen uns dünnwandige Reaktionsholzzellen im Frühholz (Bild 5 und 6). Dabei sind die ersten Zellreihen im Jahresring den Normalholzzellen ähnlich, denn es fehlen ihnen die Abrundung, die Spaltenbildung und die Interzellularen. *Timell* u. Mitarb. konnten nachweisen, daß der chemische Aufbau dieser ersten Zellen im Jahresring dafür spricht, sie bereits zu den Reaktionsholzzellen zu rechnen. Die nachfolgenden, auch dünnwandigen Zellen sind abgerundet und haben demzufolge Interzellularen (Bild 6). Das radialschraubige

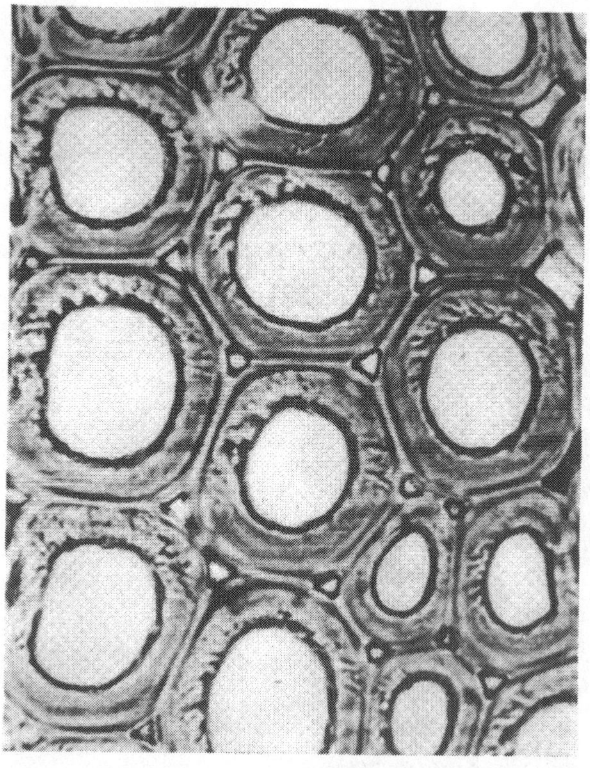

Bild 7. Querschnitt durch dickwandige Reaktionsholzzellen im Spätholz. Breite Mittelschicht enthält Mittellamelle, Primärwand und $S_1$. $S_2$ von radialen Spalten durchsetzt, $S_3$ fehlt. Vergr. 1000:1

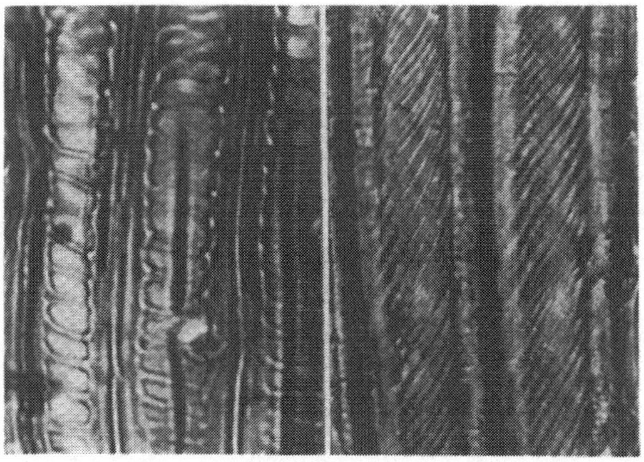


Bild 8. Tangentialschnitt durch Spätholz, *a* = Normalholz mit Versteifungsleisten der $S_3$, *b* = Reaktionsholz mit Spaltensystem der $S_2$ Vergr. 700:1

Spaltensystem ist ebenfalls erkennbar. Diese Merkmale werden bei den dickwandigen Spätholzzellen ausgeprägter (Bild 7). Auffallend ist die breite Mittelschicht, in der die $S_1$ besonders stark vorherrscht. Im Tangentialschnitt ist in den Reaktionsholzzellen eine Schraubenstruktur mit einem Steigungswinkel von annähernd 45° zu erkennen (Bild 8b), die nicht mit der flachen Schraubenstruktur der Tertiärlamelle in den Normalholzzellen verwechselt werden darf (Bild 8a). Beim Reaktionsholz handelt es sich um ein radialschraubiges Spaltensystem, das die $S_2$ durchzieht, und beim Normalholz um die aufgesetzten Versteifungsleisten der $S_3$. Eine $S_3$ konnte bisher im Reaktionsholz nicht nachgewiesen werden.

*3.2. Elektronenmikroskopische Untersuchungen*

Die extremen Unterschiede in der Zellgröße und Zellwanddicke zwischen Früh- und Spätholz sollen die Bilder 9 und 10 verdeutlichen. Hauptsächlich liegt der Unterschied in der Dicke der $S_2$, die bei den Frühholzzellen bei 1 bis 3 μm und bei den Spätholzzellen über 5 μm liegt. Die Tertiärlamelle mit den Versteifungsleisten ist auf dem Tangentialschnitt (Bild 11) abgebildet.

Die Reaktionsholzzellen zeigen einen vom Normalholz abweichenden Zellwandaufbau (Bilder 12 und 13). Durch die Abrundung der Zellen entstehen Interzellularen, wobei sich die Mittellamelle und Primärwand zunächst verbreitern und dann zum Interzellulargang aufspalten. Die breite, bereits im Lichtmikroskop auffallende Mittelschicht zeigt eine lamellare Struktur, die besonders in den Zwickeln hervortritt und hier eine Dicke von 2 μm erreichen kann. Nach *Timell* u. Mitarb. [13, 15] ist diese Schicht cellulosereich und ligninarm, wobei die Cellulosefibrillen in einer flachen Schraubung verlaufen. Diese Merkmale sprechen für die $S_1$. Danach liegt hier ausnahmsweise eine sehr dicke $S_1$ vor. Der $S_1$ folgt die $S_2$, die in eine spaltenfreie und eine von Spalten durchsetzte Schicht unterteilt werden kann. Die Spalten verzweigen sich vom Lumen nach außen hin. Eine $S_3$ ist nicht nachweisbar.

Die Feinstruktur der Hoftüpfel ist unter Verwendung der Abdrucktechnik vor allem zur Aufklärung des Torus vorgenommen worden [19, 20, 35 bis 39]. Im

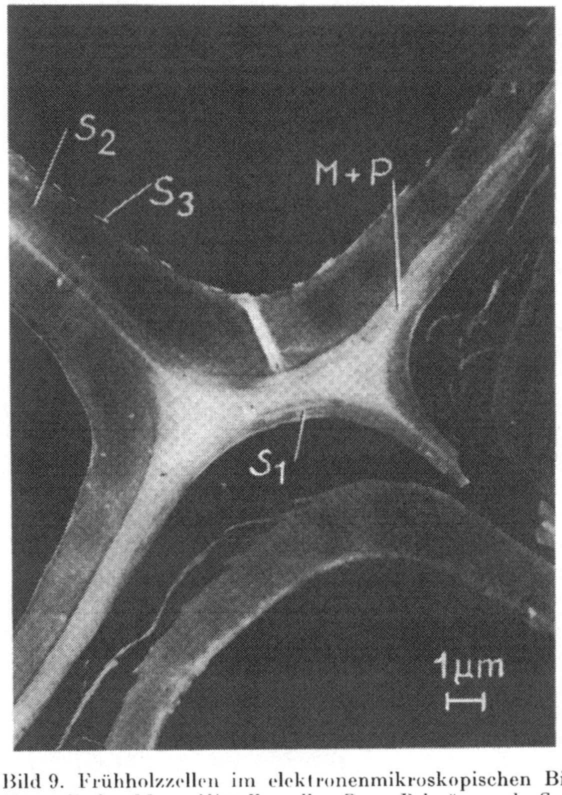


Bild 9. Frühholzzellen im elektronenmikroskopischen Bild, Normalholz. *M* = Mittellamelle, *P* = Primärwand, $S_1$ = Übergangslamelle, $S_2$ = Mittelschicht der Sekundärwand, $S_3$ = Tertiärlamelle Vergr. 5000:1

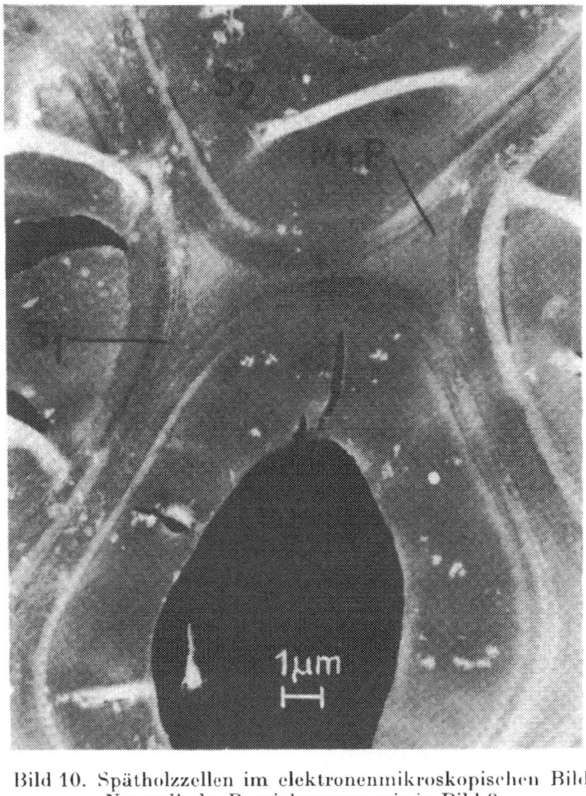


Bild 10. Spätholzzellen im elektronenmikroskopischen Bild, Normalholz. Bezeichnungen wie in Bild 9 Vergr. 5000:1

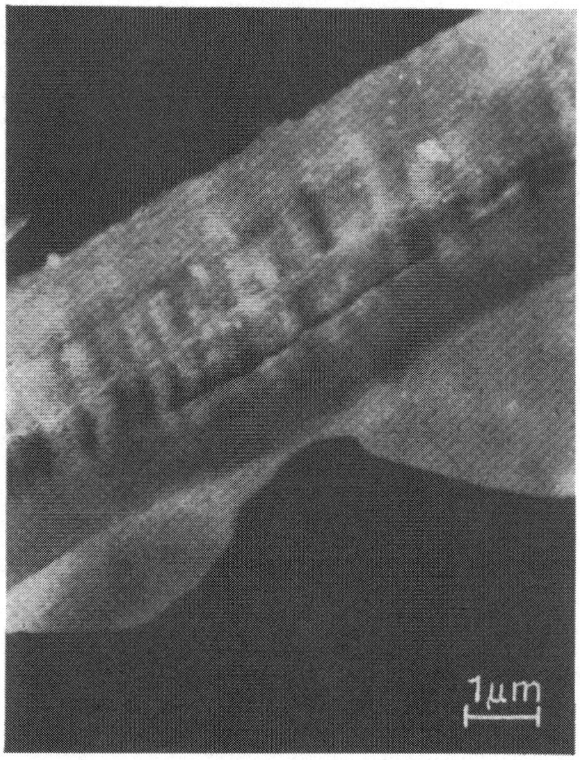


Bild 11. Tangentialschnitt durch normales Spätholz mit angeschnittenen Versteifungsleisten der $S_3$. Elektronenmikroskopische Aufnahme. Vergr. 10000:1

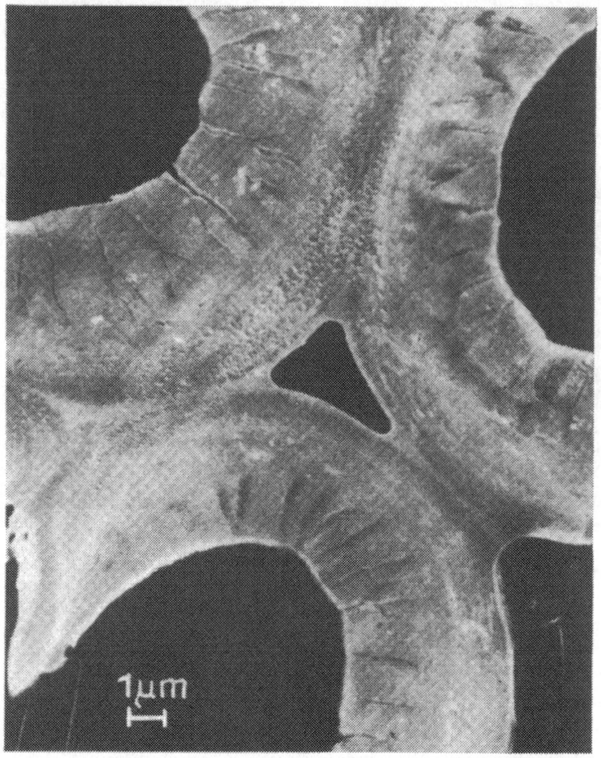


Bild 12. Querschnitt durch Reaktionsholzzellen mit Interzellulargang und radialen Spalten in der $S_2$, $S_3$ fehlt. Elektronenmikroskopische Aufnahme. Vergr. 5000:1

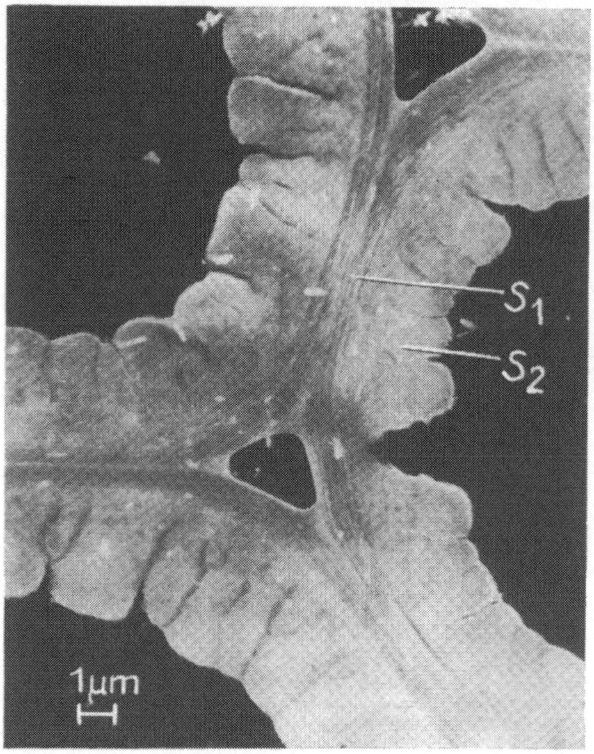


Bild 13. Querschnitt durch Reaktionsholzzellen mit auffallend breiter, lamellierter $S_1$. Elektronenmikroskopische Aufnahme. Vergr. 5000:1

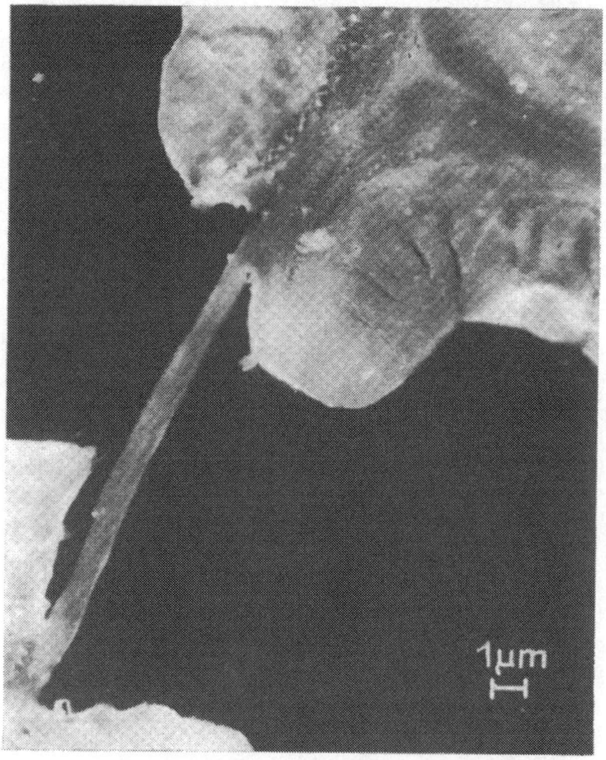


Bild 14. Querschnitt durch Reaktionsholzzellen mit einem Hoftüpfel. Elektronenmikroskopische Aufnahme. Vergl. Bild 17. Vergr. 5000:1

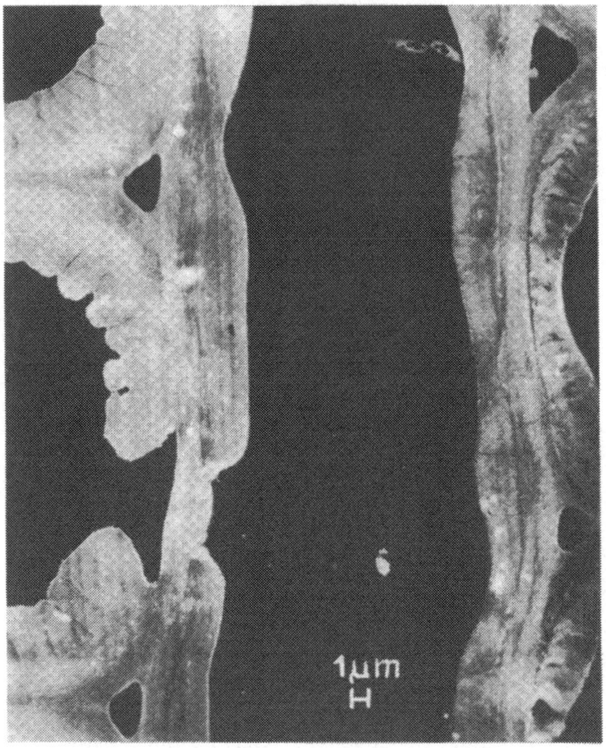


Bild 15. Querschnitt durch Reaktionsholz und Markstrahl mit einseitig behöftem Tüpfel. Elektronenmikroskopische Aufnahme Vergr. 2500:1

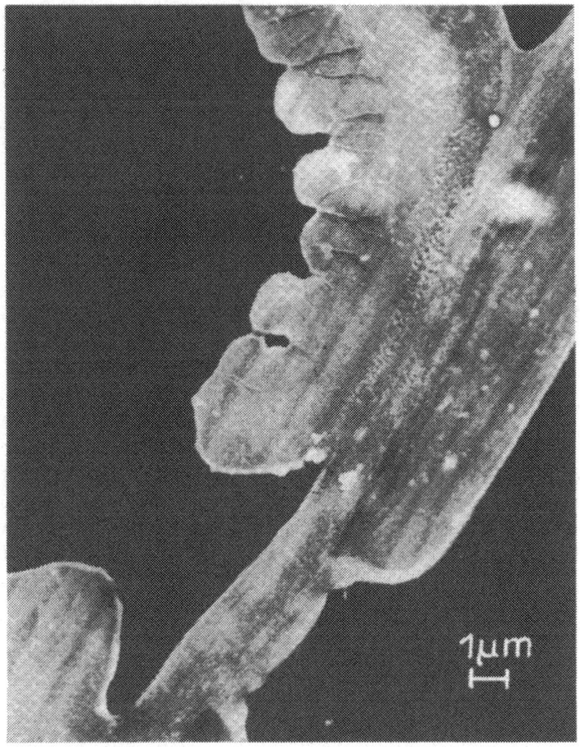


Bild 16. Querschnitt durch eine Reaktionsholzzelle mit angrenzendem Markstrahl. Einseitig behöfter Tüpfel. Ausschnitt aus Bild 15, vergl. Bild 18 Vergr. 5000:1

Ultradünnschnitt lassen sich darüber hinaus auch Aussagen über den gesamten Aufbau und der daran beteiligten Zellwandschichten treffen. Uns gelang ein Dünnschnitt durch einen behöften Tüpfel einer Druckholzzelle (Bilder 14 und 17). Der Torus wird von der Mittellamelle und den beiderseits aufgelagerten Primärwandschichten gebildet. Der Hof wird von einer besonderen Schicht, der Initialschicht, ausgekleidet, die

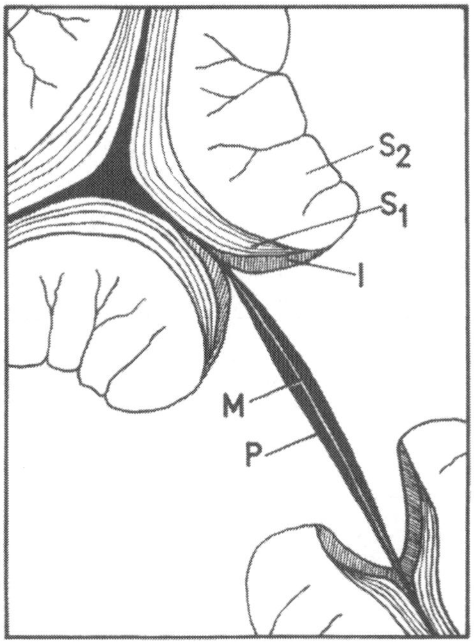


Bild 17. Doppelt behöfter Tüpfel zwischen zwei Reaktionsholzzellen. $M$ = Mittellamelle, $P$ = Primärwand, $S_1$ = Übergangslamelle, $S_2$ = Mittelschicht der Sekundärwand, $I$ = Initialschicht

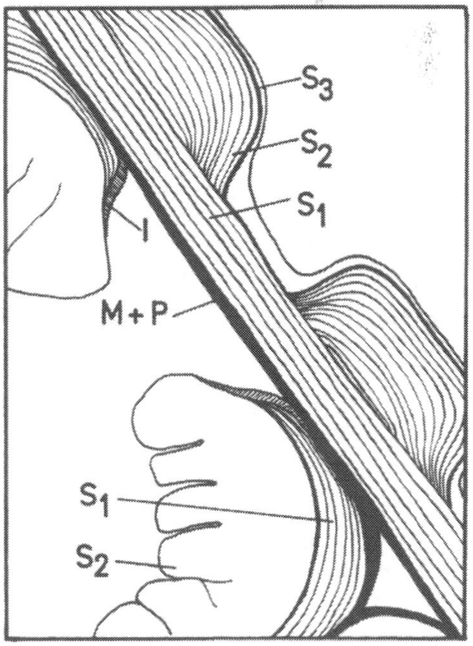


Bild 18. Einseitig behöfter Tüpfel zwischen einer Reaktionsholzzelle und einem Markstrahl. $M$ = Mittellamelle, $P$ = Primärwand, $S_1$, $S_2$, $S_3$ = Sekundärwandschichten, $I$ = Initialschicht

der Primärwand zu entspringen scheint. Die $S_1$ gabelt sich im Wulst auf und verjüngt sich zur Spitze des Wulstes hin. Die $S_2$ mit den Spalten ist normal ausgebildet. Da im Reaktionsholz keine $S_3$ gebildet wird, sind auch im Hof keine weiteren Zellwandschichten nachweisbar.

Im einseitig behöften Tüpfel zwischen einer Reaktionsholzzelle und einem Markstrahl liegen die Verhältnisse komplizierter (Bilder 15, 16, 18). In der Reaktionsholzzelle ist der Zellwandbau des Tüpfels, wie oben bei dem doppelt behöften Tüpfel bereits beschrieben, aufgebaut. Auf der Seite des Markstrahles ist zusätzlich auf die Primärwand eine dicke $S_1$ aufgelagert. Außerdem zieht sich in den Tüpfelraum die $S_3$ hinein, die sogar an dieser Stelle dicker ist.

## *4. Diskussion der Ergebnisse*

Die Lärche als laubabwerfender Nadelbaum zeigt auch in der Holzanatomie einige bemerkenswerte Besonderheiten sowohl im Normalholz als auch im Reaktionsholz. Im Normalholz ist das Spätholz scharf gegen das auffallend großlumige Frühholz abgesetzt. Wir fanden im Frühholz eine Zellwanddicke von fast 5 µm und im Spätholz von über 10 µm im Mittel. Im Spätholz bildet die $S_3$ Versteifungsleisten aus, die in einer flachen Schraubung verlaufen, auf die bereits *Wiesner* [56] aufmerksam gemacht hat. Im Frühholz finden sich in Radialschnitten doppelreihig angeordnete Hoftüpfel, die als sicheres Kennzeichen für Lärchenholz gewertet werden. Allerdings sind sie nur im älteren und gut gewachsenen Stammholz vorhanden. Im Astholz und in jungen Stämmen treten sie nur vereinzelt auf.

Die Lärche neigt zur Reaktionsholzbildung anscheinend stärker als andere Nadelbäume, wobei die Zellwandstrukturen einige spezifische Abweichungen von den bisher beschriebenen Bautypen beim Reaktionsholz aufweisen. Die typischen dickwandigen Reaktionsholzzellen treten nur im Spätholz auf. Im Frühholz konnten wir stets dünnwandige Reaktionsholzzellen nachweisen. Beide Typen sind im Querschnitt gesehen abgerundet und zeigen in den Zwickeln Interzellulargänge. Die Sekundärwand ($S_2$) ist von einem radialschraubigen Spaltensystem durchzogen, das sich schon während des Zellwandwachstums bildet [10, 14, 49]. Die ersten Zellreihen im Jahresring zeigen weder eine Abrundung noch Spaltenbildungen, so daß man sie dem Normalholz zurechnen könnte. Auffällig ist jedoch, daß diese Zellen wie die Reaktionsholzzellen eine sehr breite Mittelschicht besitzen. Auf Grund dieses Befundes und der chemischen Daten rechnet *Timell* sie zu den Reaktionsholzzellen.

Die breite Mittelschicht ist im allgemeinen bei den Reaktionsholzzellen und bei Larix besonders ausgeprägt. Über die Zuordnung dieser Schicht gibt es verschiedene Auffassungen, wobei es sich nicht um eine nomenklatorische, sondern um eine Sachfrage handelt, die die Zellwandgenese und die Verteilung chemischer Bestandteile in der Zellwand berührt. Übereinstimmung besteht darin, daß sich Normalholzzellen und Reaktionsholzzellen im Aufbau unterscheiden, was auch bei den UV-mikrospektralphotometrischen Untersuchungen über die Ligninverteilung in der Zellwand zum Ausdruck kommt [30, 31, 32, 53]. Die Ergebnisse von *Lange* [30, 31, 32] wurden von *Wergin* [53] kritisch überprüft, wobei er zu folgenden Ergebnissen für die Reaktionsholzzelle kommt: Ein Ligninmaximum liegt zwischen zwei Druckholzzellen, das *Wergin* der Mittellamelle zuordnet. Es folgt eine breitere ligninarme Zone, die als Primärwand angesprochen wird. Darauf folgt das zweite Ligninmaximum, das einer schmalen $S_1$ entsprechen soll. Für die spaltendurchsetzte $S_2$ wird eine gleichmäßige Ligninverteilung angesehen. Diese Ansicht haben wir ebenfalls in unseren bisherigen Veröffentlichungen vertreten. Umfangreiche Untersuchungen von *Timell* u. Mitarb. [11 bis 15] an verschiedenen Nadelhölzern, u. a. auch Larix laricina, erbrachten eine andere Einteilung der Zellwandschichten. Danach enthält das erste Ligninmaximum neben der Mittellamelle auch die dünnen Primärwandschichten, die kaum dicker als 0,2 µm sind. Unsere elektronenmikroskopischen Untersuchungen über die Bildung von Reaktionsholzzellen [10] ergaben für die Kambiumzellen eine Zellwanddicke unter 0,1 µm, die dann auch in gleicher Dicke in den ausdifferenzierten Zellen vorliegen dürften. Die von uns bisher als dicke Primärwand angesprochene Schicht ist nach den neuesten Untersuchungen eine sehr breite und ligninarme $S_1$. In diesem Punkt unterscheidet sich das Reaktionsholz grundlegend vom Normalholz. Das zweite Ligninmaximum liegt in der spaltenfreien $S_2$. Demnach kann man die $S_2$ beim Reaktionsholz in eine ligninreiche und spaltenfreie Zone und eine ligninärmere, spaltendurchsetzte Zone unterteilen. Der erhöhte Ligningehalt des Reaktionsholzes ist auf die ligninreiche Schicht in der $S_2$ zurückzuführen, eine Tatsache, die bei technischen Holzaufschlüssen eine Bedeutung haben dürfte.

Der Bau der Hoftüpfel beim Nadelholz ist recht kompliziert, so daß in der Literatur auch darüber verschiedene Deutungen vorliegen. Da beim Reaktionsholz keine $S_3$ ausgebildet wird, vereinfacht sich der Bauplan, so daß von hier aus eventuell auch eine Klärung für das Normalholz herbeizuführen ist. Am Ende des Streckungswachstums der Zelle wächst eine besondere Initialschicht heran, die auf der Innenseite den Tüpfelhof umschließt. *Wardrop* [49] ordnet diesen „initial pit border" keiner Zellwandschicht zu, während *Fengel* [17] sie als Bildung der $S_1$ ansieht, da sie nach der Primärwand gebildet wird. Unsere Bilder zeigen aber noch eine, sich im Wulst verjüngende $S_1$, die der Initialschicht aufliegt. Wir möchten uns deshalb der Ansicht von *Wardrop* [49] sowie *Harada* und *Cote* [23] anschließen, daß der Hof von der Initialschicht ausgekleidet wird, der eine $S_1$ und eine $S_2$ folgen. Der Wulst wird, wie auch *Frey-Wyssling* ([18], *S.* 70) sowie *Jutte* und *Spit* [27] beschreiben, durch zirkular abgelagerte Mikrofibrillen der $S_2$ gebildet. Beim Normalholz kann noch eine Tertiärlamelle aufgelagert sein, die sich nach *Jutte* und *Spit* [27], *Frey-Wyssling* [18] und *Härtel* [24] in den Hof hineinziehen kann. Wir konnten die Tertiärlamelle in den einseitig behöften Tüpfeln im Markstrahl darstellen.

Für die Beschaffung der Holzproben für diese Untersuchungen möchte ich Herrn *Haasemann*, Institut für Forstwissenschaften Graupa, und Herrn Dr. *Wagenführ*, Zentralinstitut für Holztechnologie Dresden, herzlich danken. Meinen Mitarbeiterinnen Frau *E. Hoyme* für die lichtmikroskopischen und Fräulein *S. Noack* für die elektronenmikroskopischen Untersuchungen sei an dieser Stelle herzlich gedankt. Für die stete Unterstützung und Förderung dieser Arbeiten gilt mein Dank Herrn Prof. Dr. *B. Philipp*.

*Literatur*

[1] *Bisset, I. J. W.*, und *Dadswell, H. E.*: The variation in cell length within one growth ring of certain angiosperms and gymnosperms. Australian Forestry **14** (1950) S. 17—29.

[2] *Bisset, I. J. W.*, *Dadswell, H. E.*, und *Wardrop, A. B.*, Factors influencing tracheid length in conifer stems. Australien Forestry **15** (1951) S. 17—30.

[3] *Brown, H. P.*, *Panshin, A. J.*, und *Forsaith, C. C.*: Textbook of wood technology I. New York 1949.

[4] *Burgerstein, A.*: Vergleichend-anatomische Untersuchungen des Fichten- und Lärchenholzes. Denkschr. Akad. Wiss. Wien., Math.-Naturwiss. Klasse **60** (1893) S. 395—432.

[5] *Casperson, G.*, Elektronenmikroskopische Untersuchungen des Zellwandaufbaues beim Reaktionsholz der Coniferen. Ber. dt. bot. Ges. **72** (1959) S. 230—235.

[6] *Casperson, G.*: Mikroskopischer und submikroskopischer Zellwandaufbau beim Druckholz. Faserforsch. u. Textiltechnik **10** (1959) S. 536—541.

[7] *Casperson, G.*: Über die Bildung der Zellwand beim Reaktionsholz. I. Zur Anatomie des Reaktionsholzes. Holztechnologie **3** (1962) S. 217—223.

[8] *Casperson, G.*: Chemische, anatomische und physiologische Eigenheiten des Reaktionsholzes. In: Chemiefasersymposium 1962. Berlin: Akademie-Verlag 1963, S. 39 bis 52.

[9] *Casperson, G.*: Zur Anatomie des Reaktionsholzes. Svensk Papperstidn. **68** (1965) S. 534—544.

[10] *Casperson, G.*, und *Zinsser, A.*: Über die Bildung der Zellwand bei Reaktionsholz. 3. Mitt. Zur Spaltenbildung im Druckholz von Pinus sylvestris L. Holz Roh- u. Werkstoff **23** (1965) S. 49—55.

[11] *Cote, W. A.*: Wood ultrastructure, an atlas of electron micrographs. University of Washington Press 1967.

[12] *Cote, W. A.*, und *Day, A. C.*: Anatomy and ultrastructure of reaction wood. In: *Cote, W. A.*: Cellular ultrastructure od woody plants. Syracuse University Press 1965, S. 391—418.

[13] *Cote, W. A.*, *Simson, B. W.*, und *Timell, T. E.*: Studies on compression wood. Part 2. The chemical composition of wood and bark from normal and compression regions of fifteen species of gymnosperms. Svensk Papperstidn. **69** (1966) S. 547—558.

[14] *Cote, W. A.*, *Timell, T. E.*, und *Zabel, R. A.*: Studies on compression wood. Part 1. Distribution of lignin in compression wood of red spruce (Picea rubens Sarg.). Holz Roh- u. Werkstoff **24** (1966) S. 432—438.

[15] *Cote, W. A.*, *Day, A. C.*, *Simson, B. W.*, und *Timell, T. E.*: Studies on larch arabinogalactan. 1. The distribution of arabinogalactan in larch wood. Holzforsch. **20** (1966) S. 178—192.

[16] *Diannelidis, T.*: Zur Frage der Unterscheidbarkeit des Holzes von Picea und Larix auf Grund der Markstrahl-Harzgänge. Forstwiss. Cbl. **72** (1953) S. 308—315.

[17] *Fengel, D.*: Entwicklung und Ultrastruktur der Pinaceen-Hoftüpfel. Svensk Papperstidn. **69** (1966) S. 232—241.

[18] *Frey-Wyssling, A.*: Die pflanzliche Zellwand. Berlin/Göttingen/Heidelberg: Springer 1959.

[19] *Frey-Wyssling, A.*, *Mühlethaler, K.*, und *Bossard, H. H.*: Das Elektronenmikroskop im Dienste der Bestimmung von Pinusarten. Holz Roh- u. Werkstoff **13** (1955) S. 245—249.

[20] *Frey-Wyssling, A.*, *Mühlethaler, K.*, und *Bossard, H. H.*: Nachtrag zu: Das Elektronenmikroskop im Dienste der Bestimmung von Pinusarten. Holz Roh- u. Werkstoff **14** (1956) S. 161—162.

[21] *Greguss, P.*: Xylotomische Bestimmung der heute lebenden Gymnospermen. Budapest: Akademia Kiado 1955.

[22] *Harada, H.*: Ultrastructure and organization of gymnosperm cell walls. In: *Cote, W. A.*: Cellular ultrastructure of woody plants. Syracuse University Press 1965, S. 215—233.

[23] *Harada, H.*, und *Cote, W. A.*: Cell wall organization in the pit border region of softwood tracheids. Holzforsch. **21** (1967) S. 81—85.

[24] *Härtel, O.*: Mikroskopische Morphologie. In: *Treiber, E.*: Die Chemie der Pflanzenzellwand. Berlin/Göttingen/Heidelberg: Springer 1957.

[25] *Huber, B.*: Mikroskopische Untersuchung von Hölzern. Hdb. Mikroskopie in der Technik Bd. 5/1. Frankfurt am Main: Umschau 1951.

[26] *Jacopian, V.*: Der Einsatz von Lärchenholz für die Herstellung von Zellstoff. Zellstoff u. Papier **14** (1965) S. 65—73.

[27] *Jutte, S. M.*, und *Spit, B. J.*: The submicroscopic structure of bordered pits on radial walls of tracheids in Parana Pine, Kauri and European Spruce. Holzforsch. **17** (1963) S. 168—175.

[28] *Kral, F.*: Lärchenrassen unterscheiden sich in ihrem Wasserhaushalt. Umschau Wiss. Technik **67** (1967) S. 452.

[29] *Kral, F.*: Untersuchungen zur Physiologie und Ökologie des Wasserhaushalts von Lärchenrassen. Ber. dt. bot. Ges. **80** (1967) S. 145—154.

[30] *Lange, P. W.*: The distribution of lignin in the cell wall of normal and reaction wood from spruce and a few hardwoods. Svensk Papperstidn. **57** (1954) S. 525 bis 532.

[31] *Lange, P. W.*: Verteilung der Zellwandkomponenten in der Zellwand. In: *Treiber, E.*: Chemie der Pflanzenzellwand. Berlin/Göttingen/Heidelberg: Springer 1957.

[32] *Lange, P. W.*: The distribution of chemical constituents throughout the cell wall. Fundament. papermak. Fibres 1958, S. 147—185.

[33] *Langner, W.*, und *Reck, S.*: Vergleichende Untersuchungen über das Holz von Larix decidua Mill., Larix leptolepis Gord. und deren Hybriden. Holzforsch. **20** (1966) S. 192—199.

[34] *Lee, H. H.*, und *Smith, E. M.*: Douglas fir fiber, with special reference to length. For. Quart. **14** (1916) S. 671—695.

[35] *Liese, W.*: Demonstration elektronenmikroskopischer Aufnahmen von Nadelholzhoftüpfeln. Ber. dt. bot. Ges. **64** (1951) S. 31—32.

[36] *Liese, W.*: Zur systematischen Bedeutung der submikroskopischen Warzenstruktur bei der Gattung Pinus L. Holz Roh- u. Werkstoff **14** (1956) S. 417—424.

[37] *Liese, W.*: Beitrag zur Warzenstruktur der Koniferentracheiden unter besonderer Berücksichtigung der Cupressaceae. Ber. dt. bot. Ges. **70** (1957) S. 21—30.

[38] *Liese, W.*: Tertiary wall and warty layer in wood cells. J. Polymer Sci., C: Polymer Symposia **2** (1963) S. 213 bis 229.

[39] *Liese, W.*, und *Fahnenbrock, M.*: Elektronenmikroskopische Untersuchungen über den Bau der Hoftüpfel. Holz Roh- u. Werkstoff **10** (1952) S. 197—201.

[40] *Packman, D. F.*: Pulping of british-grown softwoods. II. Preliminary studies on japanese larch (Larix leptolepis). Holzforsch. **20** (1966) S. 110—113.

[41] *Rubner, K.*: Die Tatralärche. Forstwiss. Cbl. **70** (1951) S. 129—161.

[42] *Schober, R.*: Die Lärche, eine ertragskundlich-biologische Untersuchung. Hannover: Schaper 1949.

[43] *Schober, R.*: Zum Einfluß der letzten Dürrejahre auf den Dickenzuwachs. Forstwiss. Cbl. **70** (1951) S. 204—228.

[44] *Süss, H.*: Über die Längenänderungen der Parenchymstränge, Holzfasern und Gefäßglieder von Laubhölzern im Verlauf einer Zuwachsperiode. Holz Roh- u. Werkstoff **25** (1967) S. 369—377.

[45] *Čočieva, M. M.*, *Brestkin, Ju. V.*, und *Nikitin, N. I.*: Die fraktionsmäßige Zusammensetzung der natürlichen und der Sulfatcellulose der Lärche. Ž. prikl. Chimii (Z. angew. Chemie) **36** (1963) S. 1566—1571.

[46] *Vyskot, M.*: Zuwachs und Entwicklung junger Lärchenbestände verschiedener Herkunft. Silvae genet., Frankfurt/M. **15** (1966) S. 173—181.

[47] *Vyskot, M.*: Results of a 25 years provenance experiment with larch (Larix decidua Mill.) Silvae genet., Frankfurt/M. **16** (1967) S. 29—33.

[48] *Wardrop, A. B.*: The influence of pressure on the cell wall organization of conifer tracheids. Proc. Leeds phil. Soc. **5** (1949) S. 128—135.

[49] *Wardrop, A. B.*: The structure and formation of the cell wall in xylen. In: Formation of wood in forest trees. New York: Academic Press 1964.

[50] *Wardrop, A. B.*, und *Dadswell, H. E.*: The nature of reaction wood. II. The cell wall organization of compression wood tracheids. Australia J. sci. Res. B **3** (1950) S. 1—13.

[51] *Wardrop, A. B.*, und *Dadswell, H. E.*: The nature of reaction wood. III. Cell division and cell wall formation in conifer stems. Australia J. sci. Res. B **5** (1952) S. 385—398.

[52] *Wardrop, A. B.*, und *Dadswell, H. E.*: Variations in cell wall organization of tracheids and fibres. Holzforsch. **11** (1957) S. 33—41.

[53] *Wergin, W.*: Über Entstehung und Aufbau von Reaktionsholzzellen. 4. Mitt. Nachweis der Ligninverteilung in den Zellwänden des Druckholzes durch Untersuchungen im UV-Licht. Flora A **156** (1965) S. 322—331.

[54] *Wergin, W.*, und *Casperson, G.*: Über Entstehung und Aufbau von Reaktionsholzzellen. 2. Mitt. Morphologie des Druckholzzellen von Taxus baccata. Holzforsch. **15** (1961) S. 44—49.

[55] *Westing, A. H.*: Formation and function of compression wood in gymnosperms. Bot. Rev. **31** (1965) S. 381—480.

[56] *v. Wiesner, J.*: Rohstoffe des Pflanzenreiches. Leipzig: Engelmann 1918.

*Eingegangen am 18. April 1968*

# Kurze Mitteilungen[1]

## Über die Zersetzung von Zinksulfid in Gegenwart von Viskosemodifikatoren

DK 677.463.021.5:677.463.021.525/.526:546.47'221

Die mit der Supercordtechnologie verbundenen Spinnbedingungen begünstigen in starkem Maße die Bildung von ZnS-Inkrustationen, die sich u. a. an Fadenleitorganen festsetzen und durch Verstopfung der Rohrleitungen den Spinnbadkreislauf beeinträchtigen. Dadurch werden häufig Qualitäts- und vor allem Produktionseinbußen verursacht. Unter diesem Gesichtspunkt sind Untersuchungen von *Kolosh* u. Mitarb. [1] angestellt worden, um durch eine Variation der Spinnbadzusammensetzung und der zugesetzten Spinnhilfsmittel die Inkrustenbildung zu beeinflussen. Wir haben dagegen mit Hilfe einer Modellapparatur die Kinetik der ZnS-Zersetzung studiert [2].

Andererseits hatten unsere elektronenmikroskopischen Untersuchungen an ungetrockneten Celluloseregeneratfäden gezeigt, daß an der Fadenoberfläche eine kompakte Deckschicht aus Zinksulfid aufgebaut wird, deren Beständigkeit beim Spinnen modifizierter Viskosen erheblich zunimmt [3 bis 7].

Es lag daher nahe, in Ergänzung unserer Arbeiten das Verhalten von ZnS in saurer Lösung in Gegenwart von *Modifikatoren* modellmäßig zu untersuchen. Dabei bedienten wir uns der oben erwähnten Zersetzungapparatur, deren Prinzip darin besteht, daß die Zersetzung eines definierten Zinksulfids mit Schwefelsäure in einem thermostatisierten Gefäß bei konstanter Rührgeschwindigkeit gemessen wird. Die Reaktion wird durch Probenahmen in geeigneten Zeitabständen und komplexometrische Bestimmung des Zinkgehalts der entnommenen Proben verfolgt. Bezüglich experimenteller Einzelheiten, insbesondere zur Probenahme, sei auf die Arbeit [2] verwiesen.

Auch von *Philipp* und *Müller* [8] ist untersucht worden, ob Viskosemodifikatoren die Stabilität von $ZnCS_3$- und ZnS-Fällungen in saurem Medium beeinflussen. Die Autoren beschritten jedoch einen methodisch anderen Weg. Sie setzten einer Lösung von $ZnSO_4$ in überflüssiger Schwefelsäure kleinere Mengen einer Lösung von $Na_2CS_3$ bzw. $Na_2S$ in Natronlauge zu und stoppten die Zeit bis zur völligen Auflösung der sofort nach dem Zusatz ausgefallenen Niederschläge. Dieser Modellversuch ist den Verhältnissen bei der Fadenbildung insofern mehr angenähert, als die Produkte tatsächlich zum Zeitpunkt ihrer Entstehung auf ihre Stabilität untersucht werden. Dafür erlaubt unsere Methode eine quantitative Verfolgung und Auswertung des Zersetzungsverlaufs über einen längeren Zeitraum und auch eine Charakterisierung technischer Fällungsprodukte [2]. Sie bietet nach unserer Ansicht damit für die Bearbeitung technischer Aspekte im Sinne der erwähnten Inkrusten gewisse Vorteile.

Als Testsubstanz verwendeten wir ein im Physikalisch-Technischen Institut der DAW, Bereich Lumineszenzforschung, Liebenwalde, aus schwefelsaurer Lösung gefälltes ZnS. Da unsere früheren Untersuchungen eine Beeinflussung der Zersetzungsgeschwindigkeit durch die eingesetzte ZnS-Menge ergeben hatten, wurden jeweils etwa 30 mg ZnS eingewogen und mit 150 ml 0,1 n $H_2SO_4$ bei 40 °C umgesetzt. Die $Zn^{2+}$-Bestimmung in den während der 2 h Reaktion entnommenen Proben erfolgte mit 0,02 m Komplexonlösung gegen Eriochromschwarz T. Entsprechend unseren elektronenmikroskopischen Untersuchungen zur Modifikatorwirkung [3 bis 7] überprüften wir folgende Modifikatoren: Oxidwachs AN (VEB Chemische Werke Buna), Berol L 603 (Berol AB Göteborg) sowie das Gemisch Polyglykol 1500/LeominAC 80 (Farbwerke Hoechst AG). Die Modifier wurden vor Reaktionsbeginn in der temperierten 0,1 n $H_2SO_4$ gelöst. Durch Blindversuche wurde jeweils sichergestellt, daß die verwendete Modifikatorkonzentration die komplexometrische Zinkbestimmung nicht beeinträchtigt. Eine Beeinflussung des pH-Wertes der Zersetzungslösungen durch die Modifikatorzusätze wurde ebenfalls nicht festgestellt. Die mit unserer Versuchsanordnung erreichte Reproduzierbarkeit der Messungen war gut, alle im folgenden angegebenen Werte sind Mittel aus mindestens drei Bestimmungen.

Im Bild 1 ist in halblogarithmischen Koordinaten der Gehalt an unzersetztem Zinksulfid über der Reaktionszeit

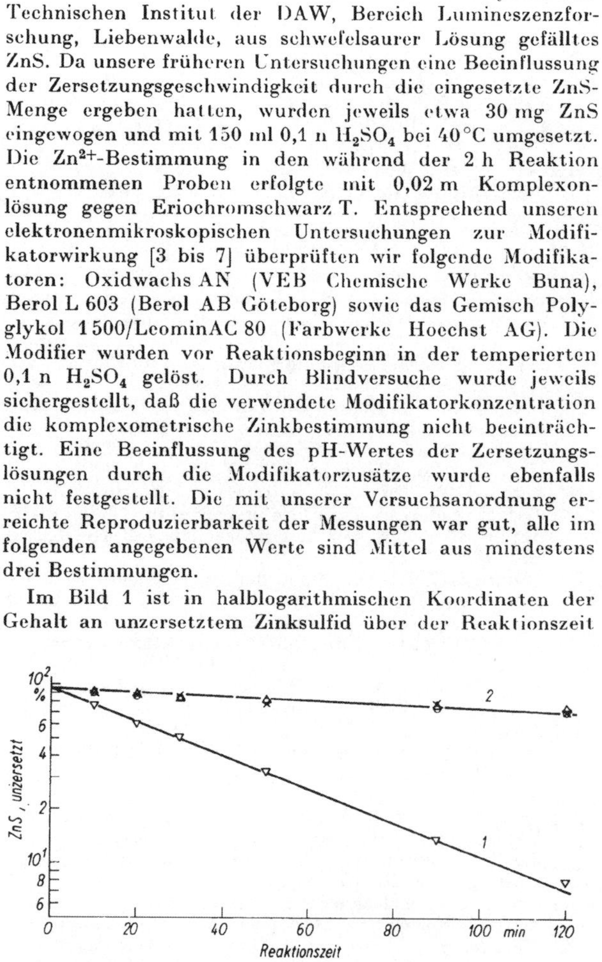


Bild 1. Beziehung zwischen dem lg des unzersetzten ZnS [% der Einwaage] und der Reaktionszeit

[1] Die Veröffentlichung der „Kurzen Mitteilungen" erfolgt unter alleiniger Verantwortung der Verfasser.

*Tabelle 1. Modifikatorgehalt der Zersetzungslösung (0,1 n $H_2SO_4$*

| Versuch Nr. | Modifikatorzusatz [g/l]zu 150 ml 0,1 n $H_2SO_4$ |
|---|---|
| 1 | ohne |
| 2 | 3 Oxidwachs AN |
| 2a | 1,5 Oxidwachs AN |
| 2b | 0,5 Oxidwachs AN |
| 3 | 0,25 Berol L 603 |
| 4 | 0,35 Polyglykol 1500 |
| | 0,54 Leomin AC 80 |

aufgetragen. Die Kurve 1 beschreibt die ZnS-Zersetzung durch die modifikatorfreie 0,1 n $H_2SO_4$, die Kurve 2 dagegen zeigt den Zersetzungsverlauf bei Gegenwart der Modifikatoren. Aus der Darstellung ist ersichtlich, daß der Modifikatorzusatz zur Schwefelsäure eine beträchtliche Abnahme der Reaktionsgeschwindigkeit zur Folge hat: der Umsatz geht auf weniger als ein Drittel zurück. Dabei ist die Zersetzungsverzögerung durch alle drei Modifikatorvarianten praktisch gleich, obwohl die Substanzen in unterschiedlicher Konzentration vorlagen (s. Tabelle 1).

Wir haben deshalb untersucht, wie die Zersetzungsgeschwindigkeit durch eine Variation der Modifikatorkonzentration beeinflußt wird. Eine Herabsetzung des Gehalts der 0,1 n $H_2SO_4$ auf 1,5 bzw. 0,5 g/l Oxidwachs AN ergab keine Beeinflussung, d. h., 0,5 g/l Oxidwachs bewirkten den gleichen Abfall der Reaktionsgeschwindigkeit wie 3 g/l.

Die Erhöhung der Konzentration des Modifikatorgemisches Polyglykol 1500/Leomin AC 80 bzw. von Berol L 603 auf die übliche Größenordnung von 3 bis 4 g/l ergab experimentelle Schwierigkeiten. Im Fall der Modifikatormischung wurde eine Probenahme in der erforderlichen Menge durch eine starke Schaumbildung verhindert. Diese durch die Tensideigenschaften von Polyglykol 1500 und Leomin AC 80 verursachte Schaumbildung konnte auch durch den Zusatz schaumdämpfend wirkender Substanzen nicht ausreichend eingeschränkt werden. Bei Berol L 603 dagegen fanden wir durch Blindversuche, daß die komplexometrische Zinkbestimmung bei einer Konzentrationserhöhung über 0,25 g/l in zunehmendem Maße gestört wird. Bei einem qualitativ-orientierenden Versuch mit 2 bzw. 3 g/l Berol L 603 waren jedoch selbst nach 2 h Reaktionszeit in der entnommenen Probe keine Zinkionen komplexometrisch nachzuweisen. Selbst wenn man die erwähnte Titrationsstörung berücksichtigt, scheint dieser Befund doch darauf hinzudeuten, daß die ZnS-Zersetzung im Fall des Polyamins Berol L 603 durch eine Konzentrationserhöhung weiter verlangsamt wird.

*Philipp* und *Müller* haben mit ihrer oben erwähnten Versuchsmethode nur bei $ZnS/ZnCS_3$-Mischfällungen, nicht aber bei reinem ZnS eine erhöhte Säurebeständigkeit feststellen können, wenn die Fällung in Gegenwart von Modifikatoren erfolgte. Da die Autoren aber bei in Gegenwart eines Polyäthylenoxids gefälltem ZnS eine Verringerung des Teilchengrößenäquivalents fanden, weisen sie darauf hin, daß eine eventuell erfolgte Stabilisierung des ZnS durch die mit der Verringerung der Teilchengröße verbundene Löslichkeitszunahme kompensiert werden kann. Unsere Versuche zeigen, daß im Fall eines gealterten Zinksulfids definierter Korngröße und Korngrößenverteilung auch bei reinem ZnS durch die Anwesenheit von Modifikatoren eine erhebliche Stabilisierung gegenüber dem sauren Medium auftritt. Die von *Philipp* und *Müller* vertretene Ansicht, daß eine unspezifische Adsorption des Modifikators an der Partikeloberfläche die Stabilisierung verursacht, wird durch unsere Untersuchungen gestützt.

Fräulein *Rosel Winter* danken wir für ihre gewissenhafte experimentelle Mitarbeit.

*Literatur*

[1] *Kolosh, F.*, *Söderberg, W.*, und *Emanuelsson, J.*: Incrustations in rayon spin baths. Part I. The influence of spin bath variables on the precipitation of sulfur and zinc sulfide. Tappi, New York **50** (1967) 11, S. 521 bis 527.

[2] *Jost, H.*, und *Rose, P.*: Kinetische Untersuchungen an Zinksulfid im Hinblick auf den Viskosespinnprozeß. Z. physik. Chemie, Leipzig **232** (1966) S. 297—312.

[3] *Gröbe, A.*, *Maron, R.*, und *Rose, K. P.*: Elektronenmikroskopische Untersuchungen an Oberflächen von Celluloseregeneratfäden. Teil I. Eine Methode zur Herstellung von Oberflächenrepliken ungetrockneter Fäden. Faserforsch. u. Textiltechnik **19** (1968) 6, S. 253—258.

[4] *Maron, R.*, *Rose, K. P.*, und *Gröbe, A.*: Elektronenmikroskopische Untersuchungen an Oberflächen von Celluloseregeneratfäden. Teil II. Nachweis und Charakterisierung von Deckschichten auf den Fadenoberflächen. Faserforsch. u. Textiltechnik **19** (1968) 7, S. 319—324.

[5] *Rose, K. P.*, *Gröbe, A.*, und *Maron, R.*: Elektronenmikroskopische Untersuchungen an Oberflächen von Celluloseregeneratfäden. Teil III. Wirkung von Viskosemodifikatoren auf die Deckschichtbildung — Analytischer und lichtmikroskopischer Nachweis. Faserforsch. u. Textiltechnik **19** (1968) 8, S. 354—362.

[6] *Rose, K. P.*, *Maron, R.*, und *Gröbe, A.*: Elektronenmikroskopische Untersuchungen an Oberflächen von Celluloseregeneratfäden. Teil IV. Wirkung von Viskosemodifikatoren auf die Deckschichtbildung — Elektronenmikroskopischer Nachweis. Faserforsch. u. Textiltechnik **19** (1968) im Satz.

[7] *Gröbe, A.*, *Maron, R.*, und *Rose, K. P.*: Elektronenmikroskopische Untersuchungen an Oberflächen von Celluloseregeneratfäden. Teil V. Zusammenfassende Diskussion der Ergebnisse. Faserforsch. u. Textiltechnik **19** (1968) im Satz.

[8] *Philipp, B.*, und *Müller, K.*: Chemische Untersuchungen zur Wirkungsweise von Viskosemodifikatoren. Teil II. Über das Verhalten der Viskosenebenprodukte Natriumtrithiocarbonat und Natriumsulfid gegenüber Modifikatoren. Faserforsch. u. Textiltechnik **13** (1962) 9, S. 385—392.

*Klaus Peter Rose, Reinhard Maron und Anneliese Gröbe*
VEB Chemiefaserkombinat Wilhelm-Pieck-Stadt Guben
Institut für Textiltechnologie der Chemiefasern Rudolstadt
Deutsche Akademie der Wissenschaften zu Berlin,
Institut für Faserstoff-Forschung in Teltow-Seehof

*Eingegangen am 25. Mai 1968*

# Zweite Fachtagung Chemiefaserstoffe der KdT

DK 061.3.055.1(430.2—2.765):677.4

Am 16. und 17. Mai 1968 veranstaltete der Fachausschuß Chemiefaserstoffe im IZV Chemiefaser und Fotochemie der KdT in Rudolstadt-Schwarza seine zweite Fachtagung. Der Einladung zu einem Fachgespräch über Probleme und Prognose der Herstellung von Chemiefaserstoffen waren ca. 180 Teilnehmer aus den Chemiefaserwerken und verwandten Institutionen gefolgt. Demzufolge konnte auch Dipl.-Ing. *H. Bürger*, Direktor des Institutes für Textiltechnologie der Chemiefasern in Rudolstadt-Schwarza, in seiner Begrüßungsansprache mit Recht auf die große Bedeutung derartiger Veranstaltungen des Fachausschusses Chemiefaserstoffe für die betriebliche Praxis und die wissenschaftlich-technische Gemeinschaftsarbeit hinweisen. Er führte ferner aus, daß eine moderne Produktion moderner Faserstoffe der ständigen Orientierung auf Schwerpunkte in der wissenschaftlichen Bearbeitung bedarf und unterstrich die Bedeutung, die einer fundierten Prognose auch in der Entwicklung der Chemiefaserstoffproduktion zukommt.

Den Hauptvortrag hielt Generaldirektor Dr. *A. Keil*, Wolfen, über „*Stand und Perspektive der Chemiefaserindustrie*". Ausgehend von einer Analyse der gegenwärtigen Produktion und den Entwicklungstendenzen der Chemiefaserstoffe im Weltmaßstab führte er einen Vergleich mit dem gegenwärtigen Stand der Chemiefaserstoffproduktion in der DDR durch. Er wies auf die besonderen, bei den Cellulosefaserstoffen z. T. historisch bedingten Probleme der Produktionskapazitäten hin und erörterte im einzelnen die Relationen, die zwischen den Cellulosefaserstoffen und den Synthesefaserstoffen auf der einen Seite und zwischen den Synthesefaserstoffen untereinander auf der anderen Seite bestehen. Die künftige Entwicklung der Faserstoffproduktion schafft neben einem Ausbau der Polyamidfaserstofferzeugung durch Polyesterfaserstoffe und Polyacrylnitrilfaserstoffe zwei Schwerpunkte im Chemiefaserstoffsortiment. Daneben erfolgt eine gewisse Reduzierung in der Erzeugung von Cellulosefaserstoffen, wobei gleichzeitig eine Umstellung auf einige neue Typen vorgenommen wird. Auch der Texturierung der Chemiefäden (DEDOTEX) wird große Aufmerksamkeit geschenkt werden.

Direktor *Winkler*, Wolfen, erörterte in seinem Vortrag „*Probleme der internationalen Kooperation*" den Stand und die Mängel einer bilateralen Zusammenarbeit auf wissenschaftlich-technischem Gebiet und der Warenproduktion zwischen den Partnerstaaten des Rates für gegenseitige Wirtschaftshilfe. Ausführlich behandelte er ökonomische und juristische Fragen, die bei der internationalen industriellen Kooperation zu lösen sind. Er ging ferner auf Probleme der Vergabe von Lizenzen, des technischen Erfahrungsaustausches und der Sanktionen bei Nichterfüllung von Verträgen ein. Hauptziel aller Bemühungen auch auf dem Gebiet der internationalen Kooperation muß die ökonomisch günstigste und dem Weltstand entsprechende technologische Lösung sein.

Dipl.-Ing. *Kunze*, Premnitz, der einen Vortrag über „*BMSR-Technik und Verfahrensentwicklung*" hielt, stellte Forderungen in den Mittelpunkt seiner Ausführungen, die der Meß- und Regel-Ingenieur an den Technologen zu stellen hat, um eine optimale Ausgestaltung eines Verfahrens oder Verfahrensabschnittes zu erreichen. Er untersuchte den Automatisierungsgrad moderner Industrien, ging auf ökonomische Probleme der Meß- und Steuerungstechnik ein und erörterte die Verwendung von Prozeßrechnern. Der Vortragende schlug eine gemeinsame Projektbearbeitung durch Verfahrenstechniker, Technologen und BMSR-Fachleuten vor, um die Möglichkeiten einer BMSR-Technik sinnvoll ausschöpfen zu können und die Grenzen einer Automation, Prozeßrechnung oder der chemisch-technologischen Gestaltung zu erkennen. Mit diesem Vortrag endete der erste Tag der Vortragstagung, der ausschließlich Plenarvorträgen vorbehalten war.

Am 17. 5. traf man sich in zwei getrennten Sektionen für Synthesefaserstoffe und Regeneratfaserstoffe. In der *Sektion Synthesefaserstoffe* hielt als erster Dipl.-Chem *K. Wiegand*, Schwarza, seinen Vortrag „*Entwicklung und Stand des Extruderspinnens bei der Herstellung von Polyamidfeinseide im Chemiefaserwerk Schwarza*". Die ständig steigenden Qualitätsanforderungen an DEDERON-Seide zwingen die Chemiefaserhersteller zur Optimierung des gesamten DEDERON-Herstellungsprozesses. Dabei werden heute größte Anforderungen an die Reinheit des Rohstoffes Lactam und an die technologisch sich anschließenden Verarbeitungsstufen gestellt. Einen wesentlichen Teilabschnitt bildet dabei das Spinnen des in der Polymerisation hergestellten Granulates, da hier unmittelbar der Fadenbildungsprozeß abläuft. Anhand der chronologischen Entwicklung des Extruderspinnens im Chemiefaserwerk Schwarza vom Laborextruder bis zur Großproduktionsanlage stellte der Vortragende die einzelnen Entwicklungsstufen dar und teilte die jeweils gewonnenen Erfahrungen mit. Durch vergleichende Betrachtungen des Rost- und Extruderspinnens wurden die wesentlichsten Unterschiede der beiden Verfahren herausgearbeitet und ihr Einfluß auf die Qualität der Polyamidseide hervorgehoben. Abschließend ist der gegenwärtige Stand des Extruderspinnens kritisch betrachtet und die Weiterentwicklung auf diesem Gebiet im Chemiefaserwerk Schwarza mitgeteilt worden.

Dr. *S. Kaufmann*, Schwarza, sprach über „*Optische und mechanische Untersuchungen zur Fadenbildung und Kaltverstreckung von PA 6*". Er untersuchte den Fadenbildungsprozeß von PA 6 mit Hilfe der Doppelbrechung und Brechung. Dabei wurden drei charakteristische Änderungen der Doppelbrechung gefunden:

1. Änderung um eine Zehnerpotenz innerhalb $^1/_{10}$ s.
2. Änderung um eine Zehnerpotenz innerhalb 20 min.
3. Änderung um 20% innerhalb einiger Tage.

Die Einflüsse der Anblasgeschwindigkeit, der Abzugsgeschwindigkeit, der Schmelzetemperatur und des Polymerisationsgrades standen im Vordergrund des Interesses. Auf Grund parallel durchgeführter Brechungsindexmessungen und einiger theoretischer Überlegungen erfolgte eine theoretische Deutung und Interpretation der Ergebnisse. Theoretisch wurde der Zusammenhang der optischen Eigenschaften mit den makroskopischen Größen, insbesondere mit der Reißkraft, der Reißdehnung und deren Variationskoeffizienten, hergestellt. Dadurch können die bei der Verstreckung experimentell gefundenen Abhängigkeiten dieser Größen vom Verstreckungsgrad, der Schmelzetemperatur und dem Polymerisationsgrad dargestellt werden.

Der Vortrag von Dipl.-Chem. *E. Wiesener*, Schwarza, behandelte die „*Anwendung der DTA und Thermogravimetrie zur Charakterisierung von Chemiefaserstoffen*". Er gab eine kurze Erläuterung der Meßprinzipien der DTA und TG und qualitative und quantitative Auswertung der DTA- und TG-Kurven. Einige Anwendungsbeispiele zur Untersuchung des Kristallisations- und Schmelzverhaltens von PÄT und PA 6 und einige Anwendungsbeispiele zur Untersuchung des thermischen Verhaltens von PVY-Faserstoffen ergänzten die Ausführungen. Abschließend wurde schließlich auf weitere Anwendungsmöglichkeiten und auf die allgemeine Einschätzung über Möglichkeiten und Grenzen der DTA und TG eingegangen.

Dipl.-Chem. *K. Wuntke*, Premnitz, erörterte in seinem Vortrag „*Ergebnisse und Probleme der Analytik von PÄT, seinen Rohstoffen und Zwischenprodukten*" seine Arbeiten zur Rationalisierung und Modernisierung der Analysenmethoden für eine schnelle und optimale Betriebskontrolle durch eine möglichst vollständige Umstellung der Analytik auf physikalisch-chemische Verfahren. Im einzelnen wurden folgende Methoden überarbeitet bzw. neu eingeführt: Anwendung des Spektralkolorimeters „Spekol" (VEB Carl Zeiss Jena) für Hazenzahlmessungen an DMT und Glykol, für Metallbestimmungen, für Weißgradmessungen an PÄT und für Konzentrationsbestimmungen der glykolischen Titandioxid-Suspensionen; Einführung einer lichtelektrischen Abtasteinrichtung für die Bestimmung der relativen Lösungsviskosität mit Ostwaldviskosimetern; Bestimmung der Feuchtigkeitsbeladung des PÄT-Granulats nach einer manometrischen Methode; Gaschromatographische Glykol- und Methanolbestimmungen mit dem Ziel des Einsatzes von Prozeßgaschromatographen zur Automatisierung der Destillation; Bestimmung der Feuchtigkeit von Förderluft und Begasungsstickstoff kontinuierlich durch Anwendung von Elektrolyse-Hygrometern sowie Ermittlung des Sauerstoffgehaltes in Stickstoff; Ermittlung des Carboxylendgruppengehaltes durch automatische potentiometrische Titration und die qualitative und quantitative Bestimmung der cyclischen und linearen Oligomeren mit Hilfe der Dünnschichtchromatographie auf 0,2 bzw. 2 mm dicken Aluminiumoxidschichten.

Dipl.-Ing. *Planke*, Premnitz, entwickelte in seinem Vortrag „*Technologie und Probleme der Stauchkräuselung am Beispiel Premnitzer synthetischer Fasern*" Modellvorstellungen über die Mechanik des Stauchvorganges und erläuterte auch kurz die Maschinenprinzipien und Technologien des Stauchkräuselverfahrens im Chemiefaserwerk „Friedrich Engels" Premnitz. Eine Vielzahl von Einflußgrößen auf den Stauchvorgang macht die technische bzw. technologische Verfahrensoptimierung zu einem Problem. Zunächst existieren mechanische bzw. maschinentechnische Probleme, die weniger faserspezifisch und daher einer Verallgemeinerung für alle Fasertypen leichter zugänglich sind. Es handelt sich dabei um Einflußgrößen, die mit dem Stauchdruck, Klemmdruck, der Gestaltung des Gegendruckmittels und mit Vorgängen am Einlauf und Übergang des Kabels in die Stauchkammer zusammenhängen. In diesem Zusammenhang wurde auf das Problem „Randzonen" eingegangen. Normalerweise sind dafür Ursachen im Ausweichen von Faserkapillaren durch Ungleichmäßigkeiten in der Stauchzone zu suchen. Einen erheblichen Einfluß auf das Kräuselergebnis übt ferner eine Reihe textilphysikalischer Eigenschaften der Faser aus. Dazu gehört der typische Grundzustand der Faser (Struktur, rel. Molekülmasse, Kettenbiegsamkeit, Plastizität des Materials usw.). Einfluß haben weiterhin bestimmte Makrozustände, z. B. Biegewiderstand der Kapillarsubstanz bzw. Faserfestigkeit und damit Verstreckungs- bzw. Orientierungsgrad, insbesondere Faserdehnungseigenschaften. Zusammen mit verschiedenen anderen textilphysikalischen Einflußgrößen, z. B. Präparation bzw. Weichmachereinfluß und Oberflächenbeschaffenheit, ergibt sich im Verein mit den detaillierten mechanischen Einflußgrößen eine Vielzahl von Variablen, deren Zusammenwirken zum Teil technologisch noch nicht beherrscht wird.

Die Untersuchungen über meßbare Zusammenhänge zwischen Produktionsparametern und Stauchkräuselungsergebnis wird erschwert durch den häufigen Mangel an Reproduzierbarkeit der Versuchsergebnisse. Weitere Arbeiten müssen deshalb hauptsächlich auf zwei Probleme konzentriert werden: die Erzielung einer gleichmäßigen randzonenfreien Kräuselung und eine Sicherung bzw. Erhöhung der Kräuselungsbeständigkeit.

In der *Sektion Regeneratfaserstoffe* eröffnete Dr. *K. Müller*, Pirna, die Vorträge mit seinen Ausführungen über „*Die Entwicklung zur Super-3-Technologie bei Viskosecord*". Ausgehend von einer kurzen Darstellung der Entwicklung des Viskosecordes als Nachfolger des Baumwollcordes, gab er eine Einschätzung der heutigen und zukünftigen Bedeutung des Viskosecordes, speziell des Super-3-Cordes. Im einzelnen wurde der Weg verschiedener Wirtschaftsgebiete — USA, Westeuropa und RGW — zur Erzeugung hochfester Cordmaterialien dargestellt. Dabei zeigte sich, daß wahrscheinlich in den USA und mit Sicherheit in Westeuropa Super-3-Cord auf rekonstruierten Standardcordanlagen erzeugt wird, während im RGW-Bereich vorzugsweise neue hochproduktive Produktionsstätten für hochfeste Typen aufgebaut wurden. Nach einer Darstellung der Haupttechnologien, besonders der neuen Entwicklungen auf dem Cordkontinue-Spinnmaschinengebiet (Kohorn, Cortaulds, Chatillon, KVKH 36, KVK 72) ging der Vortragende ausführlich auf die Probleme des Erspinnens von Super-3-Cord nach dem diskontinuierlichen und kontinuierlichen Verfahren ein. In diesem Zusammenhang wurden auch Fragen der Notwendigkeit von mehreren Veredlungsbädern, Mehrfachverstreckung, Kontinueverstreckung, Präzisionsspulung und Sonderavivagen vom heutigen Stand der Erkenntnisse untersucht.

Dr. *G. Wilke*, Wolfen, sprach als nächster über „*Fortschritte auf dem Gebiet technischer Viskoseseide*". Der Viskosecordseidenverbrauch für die Reifenindustrie liegt noch immer bei ca. 80%. Daneben tritt jedoch der Anteil, der zu technischen Textilien verarbeitet wird, immer stärker in den Vordergrund. Hierher gehören Fäden, Tauwerk und Stoffe, die in technische Erzeugnisse eingehen oder selbst technische Erzeugnisse darstellen, z. B. Treibriemen, Förderbänder, Schläuche, Netze, Filze, Vliesstoffe, Verpackungsstoffe u. a. Es handelt sich also um zusammengesetzte Erzeugnisse, in denen technische Textilien als Verstärkung in Verbindung mit anderen Materialien, z. B. Gummi, Kunststoffen usw., eingesetzt werden.

Die Eigenschaftsanforderungen an die Viskoseseide für technische Textilien sind entsprechend dem Einsatzgebiet recht unterschiedlich und weichen in einigen Punkten von den bisherigen Forderungen der Reifenindustrie erheblich ab. Beim Einsatz von Viskoseseide Nm 2.04 als Erntebinde- und Hochdruckpressengarn gilt z. B. als wichtigste textiltechnologische Kennziffer die Knotenfestigkeit des Fertigzwirns. Außerdem findet die Naßfestigkeit des Fadens große Beachtung. Im Sektor der Sack- und Verpackungsstoffe wird neben einer bestimmten Mindestfestigkeit der Seide besonders großer Wert auf die Oberflächenbeschaffenheit der Viskoseseide gelegt, um eine hohe Schiebefestigkeit der hergestellten Erzeugnisse zu gewährleisten. Um die Eigenschaften der Viskoseseide den Forderungen der Hersteller von technischen Textilien weitestgehend anzupassen, müssen neben Änderungen in der Spinntechnologie u. a. auch Textilhilfsmittel eingesetzt werden. Neben diesen fasertechnologischen Kriterien spielen auch ökonomische Überlegungen eine Rolle. Der Vortragende zeigte Wege, wie durch eine kontinuierliche Ausgestaltung der Technologie Verbesserungen erreicht werden können.

Dr. *R. Jäger*, Wittenberge, behandelte in seinem Vortrag „*Neue Verfahren zur Viskoseherstellung*" die Möglichkeiten, die neuere maschinentechnische Entwicklungen der kontinuierlichen Ausgestaltung des Viskoseprozesses bieten. Im einzelnen besprach er die kontinuierliche Alkalisierung, Reife in Reifetürmen, Viskosebereitung und die Anschwemmfiltration. Der Vortragende wies auf die Bedeutung der Größe von Produktionseinheiten hin und erörterte die Situation in den Viskosefaserbetrieben der DDR. Abschließend forderte er die stärkere Bearbeitung von Problemen der Nebenanlagen, wie z. B. $CS_2$-Austreibung und Rückgewinnung, Spinnbadaufbereitung, Kristallisation und Kalzinierung von Glaubersalz sowie Abwasser, Abluft usw., da künftig die Ökonomie des Gesamtverfahrens noch stärker als bisher von diesen Faktoren beeinflußt werden kann.

Dr. *H. Schmiedeknecht*, Teltow-Seehof, beendete die Vortragstagung mit einem Vortrag über „*Spinnhilfsmittel und Viskosezusatzmittel*". Da die einzelnen Verfahrensschritte bei der Herstellung und dem Spinnen von Viskose weitgehend an Phasengrenzen in heterogenen Systemen ablaufen, hat man der Verwendung von Tensiden zur Verbesserung des technologischen Prozesses schon frühzeitig Aufmerksamkeit geschenkt. Verbreitung fanden in dieser Hinsicht hauptsächlich sulfonierte und sulfatierte Pflanzenöle. Abgelöst wurden diese Produkte in letzter Zeit jedoch durch oxäthylierte Amine und Phenole, die sich nunmehr allgemein durchgesetzt haben. So vermögen die oxäthylierten Alkylamine den Lösevorgang des Xanthogenats zu unterstützen und die sulfidischen Abscheidungen im Viskosesystem zu dispergieren. In Konzentrationen über 1 g/l Viskose sind sie ausgezeichnete Modifikatoren, die die Herstellung hochfester und hochnaßfester Viskosefasertypen gestatten. Über die Wirkungsweise der Tenside als Zusatzmittel liegen bisher nur empirische Beobachtungen vor, so daß noch keine theoretischen Vorstellungen entwickelt werden konnten. Zwar lassen sich besonders bei den Spinnbadzusatzmitteln einige Zusammenhänge zwischen Konstitution des Tensids und seinem Dispergiervermögen erkennen, eine Überprüfung der bisher gefundenen Tatsachen mit anderen Stoffklassen steht jedoch noch aus. Die Verwendung der Tenside im Viskoseprozeß kann aber allgemein als verfahrenstechnisches Prinzip aufgefaßt werden.

An alle Sektionsvorträge schlossen sich z. T. sehr lebhafte und ergiebige *Diskussionen* über technologische, maschinentechnische und ökonomische Fragen an. Ein Teil der Vorträge soll in Fachzeitschriften veröffentlicht werden. Dank einer vorzüglichen Organisation war ein reibungsloser und harmonischer Verlauf der zweiten Fachtagung des Fachausschusses „Chemiefaserstoffe" garantiert. Man kann ihr deshalb einen vollen Erfolg bescheinigen.

*H. Schmiedeknecht*

# Neue Bücher

*Journal of Polymer Science, Part C, Polymer Symposia.* New York/London/Sidney: Interscience Publishers/Wiley & Sons.

Seit 1963 werden im Rahmen dieser Serie die Vorträge und Diskussionen von international bedeutenden Tagungen über Polymerforschung veröffentlicht. Es sind bisher folgende 20 Bände erschienen, die jeweils in ausgezeichneter Form eine sehr gute Übersicht über den derzeitigen Stand des entsprechenden Forschungsthemas geben, und die sowohl im Abonnement als auch einzeln zu beziehen sind:

1. First Biannual American Chemical Society Polymer Symposium
2. Fourth Cellulose Conference
3. Morphology of Polymers
4. Macromolecular Chemistry, Paris 1963
5. Rheo-optics of Polymers
6. Thermal Analysis of High Polymers
7. Vibrational Spectra of High Polymers
8. Analysis and Fractionation of Polymers
9. Structure and Properties of Polymers
10. Transport Phenomena in Polymeric Films
11. Fifth Cellulose Conference
12. Perspectives in Polymer Science
13. Small Angle Scattering from Fibrous and Partially Ordered Systems
14. Transitions and Relaxations in Polymers
15. U. S. — Japan Seminar in Polymer Physics
16. Macromolecular Chemistry, Prague 1965
17. Electrical Conduction Properties of Polymers
18. The Meaning of Crystallinity in Polymers
19. High Temperature Resistant Fibers
20. Supramolecular Structure in Fibers

Diese Übersicht zeigt deutlich, daß die physikalische Thematik in der Polymerforschung in den letzten Jahren stark in den Vordergrund getreten ist.

Einige dieser Bände sollen nachfolgend rezensiert werden.

*Small Angle Scattering from Fibrous and Partially Ordered Systems.* Hgg. von *R. H. Marchessault. Polymer Symposia Nr.* 13. Interscience Publishers (s. o.) 1966. VII, 165 S. Brosch. 53 s.

Bericht über das American Chemical Society Symposium in Detroit, Michigan, USA, am 26. Mai 1965.

Nach Vorworten von *Marchessault* und *Debye* werden sieben Vorträge über Lichtstreuung und zwei Vorträge über Röntgenkleinwinkelstreuung an Polymeren wiedergegeben. Diese Streuungsuntersuchungen haben das Ziel, die Größe und die Orientierung von übermolekularen Struktureinheiten zu ermitteln.

Der erste Beitrag von *R. S. Stein, P. Erhardt, J. J. van Aartsen, S. Clough* und *M. Rhodes* trägt das Thema: „Theorie der Lichtstreuung von orientierten und Faser-Strukturen". Darin wird ein Überblick über neuere Ergebnisse in der Theorie der Streuung an Sphärolithen kristalliner Polymerer gegeben. Es wird dabei besonders die Bestimmung der Orientierung von nichtkugelförmigen, deformierten Sphärolithen mittels polarisierter Lichtstrahlung diskutiert.

Im zweiten Vortrag berichtet *R. J. Samuels* über die gleiche Thematik: „Kleinwinkel-Lichtstreuung von deformierten Sphärolithen. Theorie und ihre experimentelle Bestätigung". Es wird eine Theorie für ein anisotropes Sphäroid in einem isotropen Medium beschrieben und diese mit experimentellen Untersuchungen an Polypropylenfilmen verglichen. Die Ausdehnungsverhältnisse des deformierten Sphärolithes und der Radius des ursprünglich undeformierten Sphärolithes werden bestimmt.

*R. S. Moore* und *Ch. Gieniewski* geben im Vortrag über „Quantitative Studien der Deformation ringförmiger Sphärolithe in Polyäthylen-Filmen" Zusammenhänge zwischen Kriechverhalten und Sphärolithdeformation mittels photographisch registrierten Lichtstreuungsmessungen wieder. Dabei wird das Umkippen von Ketten in den Sphärolithen angenommen.

Im Beitrag von *M. L. Wallach* über Lichtstreuung von Polymerfilmen wird über den Einfluß von Deformation und Wärmebehandlung auf die Lichtstreuung an Polyäthylenterephthalat- und Polypropylenfilmen berichtet.

*R. S. Moore* und *Ch. Gieniewski* beschreiben eine sehr einfache neue Technik zur Beobachtung von Lichtstreubildern von Polymerfilmen.

Der sechste Beitrag ist von *E. V. Beebe, R. L. Coalson* und *R. H. Marchessault* und lautet: „Charakterisierung von Cellulose-Gelen durch Kleinwinkel-Lichtstreuung". Die erhaltenen Ergebnisse sprechen für die Vorstellung, daß Cellulosegele in erster Näherung dreiphasige Systeme mit hoher und niedriger Ordnung und mit Mikroporen sind, was auch durch elektronenmikroskopische Aufnahmen bestätigt wird.

*R. L. Coalson, R. H. Marchessault* und *A. Peterlin* diskutieren die gleiche Thematik, wobei die methodisch-theoretische Seite im Vordergrund steht, im Vortrag: Kleinwinkelstreuung an einem Dreikomponentensystem; Testung der Theorie für Lichtstreuung.

Die letzten beiden Berichte haben die Bestimmung der Kettenfaltung mittels der Röntgenkleinwinkelstreuung und anderer Methoden zum Inhalt.

*P. F. Dismore* und *W. O. Statton* diskutieren die Kettenfaltung in orientierten Nylon-6.6-Fasern durch Messungen der Röntgenstreuung und Kernresonanz sowie Schallmodul, Dichte, Schrumpfung und Zugeigenschaften in Abhängigkeit von der Temperaturbehandlung, und *P. H. Geil* vergleicht die Röntgenkleinwinkelstreuung von kristallinen Polymerproben mit den elektronenmikroskopischen Bildern von Kristallblättchen.

*Transitions and Relaxations in Polymers.* Hgg. von *R. F. Boyer. Polymer Symposia Nr. 14.* Interscience Publishers 1966. V, 340 S. Brosch. 105 s.

Bericht über das American Chemical Society Symposium in Atlantic City, New Jersey, USA, am 13. und 14. September 1965.

Das Studium der Beweglichkeit von Atomgruppen und Kettensegmenten hat große praktische Bedeutung, da gerade diese Beweglichkeit die Ursache der meisten physikalischen Eigenschaften der Polymeren ist. Entsprechende Untersuchungen erfolgen mit sprektroskopischen Methoden (ultrarot und Kernresonanz) sowie besonders mittels mechanischer und dielektrischer Relaxationsmessungen.

Im vorliegenden Berichtsband werden in einem Teil I 9 Vorträge mit Übersichts- und allgemein-methodischen Themen zur mechanischen und dielektrischen Relaxation wiedergegeben. Im Teil II folgen 14 Vorträge mit speziellem Inhalt.

Da sich fast alle Vorträge mit nichtfaserbildenden Polymeren beschäftigen, soll auf eine Diskussion aller einzelnen Vorträge verzichtet werden. Besonders sei jedoch auf die Arbeit von *J. D. Hoffmann, G. Williams* und *E. Passaglia* hingewiesen, die den Titel trägt: „Analyse der $\alpha$,- $\beta$- und $\gamma$-Relaxationsgebiete in Polychlortrifluoräthylen und Polyäthylen: dielektrische und mechanische Eigenschaften". Es werden darin theoretische Modelle für die drei Relaxationseffekte angegeben und mit bekannten experimentellen Daten für die beiden angegebenen Substanzen verglichen. Während bisher die Diskussion der Relaxationseffekte überwiegend auf amorphes Material beschränkt war, wird hier besonders eine Erklärung der Effekte für kristalline und partiell kristalline Proben unternommen, wobei recht befriedigend erscheinende Ergebnisse erhalten werden.

*U. S. — Japan Seminar in Polymer Physics.* Hgg. von *Richard S. Stein* und *Shigeharu Onogi. Polymer Symposia, Nr. 15.* Interscience Publishers 1966. X, 506 S. Brosch. 140 s.

Bericht über eine Tagung in Kyoto, Japan, vom 18. bis 23. Oktober 1965.

Die Tagung fand im Rahmen der Seminare statt, die als ein Teil des U.S. — Japanischen Wissenschaftlichen Kooperativ-Programms mehrmals jährlich durchgeführt werden. Es waren 35 japanische und 14 der namhaftesten amerikanischen Polymer-Wissenschaftler anwesend. Insgesamt wurden 39 Vorträge gehalten über die drei Themengruppen: 1. Zusammenhang zwischen Struktur und Eigenschaften von

Polymeren in verdünnten Lösungen. 2. Zusammenhang zwischen Struktur und Eigenschaften von Polymeren in konzentrierten Lösungen und Schmelzen. 3. Zusammenhang zwischen Struktur und Eigenschaften von Polymeren im halbkristallinen festen Zustand.

Im Berichtsband liegt von 24 Vorträgen das volle Manuskript einschließlich der Diskussionen vor und von 15 Vorträgen lediglich ein Kurzreferat. Da alle Arbeiten von namhaften Wissenschaftlern stammen, liefert der Band einen ausgezeichneten Überblick über den Stand der Forschungen der jeweiligen Thematik. Da es den Rahmen einer Buchbesprechung überschreiten würde, auf alle Vorträge einzeln näher einzugehen, sei nachfolgend nur eine Auswahl angeführt, ohne damit irgendeine Wertung vornehmen zu wollen.

*H. Tadokoro* berichtet über „Strukturstudien an einigen spiralförmigen Polymeren". Es wird in dieser Arbeit eine Erweiterung der Nomenklatur von *Bunn* für die Polymerkonformation an einigen Beispielen durchgeführt.

Sehr interessant ist die Arbeit von *P. H. Lindenmeyer* über „Fehlordnungen in Polyäthylen-Kristallen". Darin wird deutlich aufgezeigt, daß eine Reihe von Eigenschaften der Polymeren, die man bisher als vom amorphen Anteil herrührend betrachtete, auch durch Gitterdefekte in Kristallen erklären kann. Damit ergeben sich Grundlagen für eine Festkörperphysik der Polymeren, ähnlich wie sie für niedermolekulare Verbindungen bearbeitet wird.

*L. Mandelkern* berichtet über „Der Effekt des Molekulargewichtes auf die Kristallisation, das Schmelzen und die Morphologie von langkettigen Molekülen". Eine merkliche Abhängigkeit verschiedener thermodynamischer und mechanischer Eigenschaften vom Molekulargewicht wird beschrieben. Sie kann auf das Verhältnis der Kristallitgröße zur gestreckten Kettenlänge zurückgeführt werden.

Der Vortrag von *K. Kobayashi* und *T. Nagasawa* behandelt das Thema „Mechanische Eigenschaften von Polyäthylenkristallen. II. Deformationsprozeß der Sphärolithe". Mittels optischer Untersuchungen und ausgezeichneter elektronenmikroskopischer Aufnahmen wird die Temperaturabhängigkeit des Deformationsprozesses für Sphärolithe beschrieben. Es handelt sich dabei offenbar um einen sehr komplexen Vorgang, wobei sowohl Entfaltungen wie auch Abgleitung benachbarter Lamellen eine Rolle spielen.

Zum gleichen Thema folgen auch Arbeiten von *R. S. Stein* sowie von *T. Oda, N. Sakaguchi* und *H. Kawai*; *W. R. Krigbaum; M. Takayanagi, K. Imeda* und *T. Kajiyama;* und *A. Peterlin.*

Des weiteren sind u. a. Vorträge über den Zusammenhang von Strukturparametern und Messungen der elastischen Eigenschaften, des rheologischen Verhaltens und der Kernresonanz enthalten.

Ein Autoren- und ein Sachregister schließen den inhaltsreichen Tagungsband ab.

*Supramolecular Structure in Fibers.* Hgg. von *Paul H. Lindenmeyer. Polymer Symposia Nr. 20.* Interscience Publishers 1967. VII, 286 S. Brosch. 82 s.

Bericht über die Konferenz zum 25. Jahrestag von The Fiber Society in Boston, Mass., USA, vom 21. bis 23. September 1966.

Im zu besprechenden Berichtsband sind folgende 16 zusammenfassende Arbeiten enthalten:

*R. Hosemann:* Molekulare und übermolekulare parakristalline Struktur von linearen synthetischen Hochpolymeren. Nach einigen methodischen Hinweisen auf die von *Hosemann* seit mehreren Jahren vertretene Vorstellung über eine parakristalline Struktur in Polymeren werden Messungen an Polyäthylen- und Polyäthylenoxid-Proben beschrieben. Es werden Parakristallinitäten von 3% bei Mosaikblöcken in Einkristallen und 3% bei Ultrafibrillen gefunden. Größe und Grenzflächen der Mosaikblöcke werden diskutiert.

*C. A. Taylor:* Optische Beugungstechnik zur Interpretation von Röntgenbeugungsaufnahmen von Faserstrukturen. Es wird über neuere Versuche zur Anwendung der Fraunhofer-Beugungsdiagramme von Modellmasken berichtet, die erfahrungsgemäß eine gute Unterstützung bei der Deutung von Röntgendiagrammen liefern.

*H. J. Woods:* Einige Probleme bei der Röntgenstreuung und der Elektronenmikroskopie von Keratinfasern.

*P. Kassenbeck:* Anwendung der histochemischen Technik in der Elektronenmikroskopie für Hochpolymere. Es wird die „Anfärbemethode" zur Verbesserung des Kontrastes auf Hochpolymere übertragen, wobei u. a. Reaktionen von Keratin und Cellulosefaserstoffen mit Silbersalzen diskutiert werden.

*H. D. Keith:* Sphärolithische Kristallisation in Hochpolymeren.

*F. H. Müller:* Einachsiges Strecken und Anisotropie. Es wird über die eindrucksvollen Messungen der Anisotropie der Wärmeleitfähigkeit berichtet, die in letzter Zeit in Marburg durchgeführt worden sind. Damit konnten nicht nur Orientierungsverhältnisse in Abhängigkeit von Verstreckungsbedingungen gefunden werden, sondern sogar Aussagen über die Segmentanisotropie.

*D. E. Bosley:* Faserlängenänderungen und ihr Zusammenhang mit der Faserstruktur. Es wird eine neue Deutung der Deformationsprozesse im Rahmen der Theorie der Kautschukelastizität versucht. Dabei machen sich Modelldefinitionen notwendig, die stark von den bisher angenommenen Modellen abweichen. Ob sich dieses Modell allgemein zur Deutung bei Polymeren anwenden läßt, ist zu bezweifeln.

*P. H. Heil:* Polymer-Kristallisation (Zusammenfassung).

*W. O. Statton:* Die Orientierung der Moleküle in Fasern. In der vorliegenden Mitteilung wird ein Überblick über Methoden zur Messung der Molekülausrichtung und über die verschiedenen Interpretationen der Ergebnisse gegeben, wobei andere Autoren überwiegend wörtlich zitiert werden.

*P. H. Lindenmeyer:* Eine molekulare Theorie der Polymerkettenfaltung. Es wird diskutiert, in welchen Fällen Ketten gestreckt und in welchen sie gefaltet vorliegen. Die theoretischen Betrachtungen werden mit experimentellen Ergebnissen verglichen.

*B. S. Sprague:* Die Abhängigkeit der Faserstruktur für die Diffusion der Farbstoffe.

*R. S. Stein:* Physikalische Studien der Deformationsverhältnisse von kristallinen Polymeren (zusammenfassender Hinweis auf Originalarbeiten).

*B. M. Chapman* und *M. Feughelman:* Aspekte der Struktur von α-Keratin, hergeleitet aus mechanischen Eigenschaften.

*J. M. Gillespie:* Die „High-Sulfur" Proteine der α-Keratine: Ihr Verhältnis zu Faserstruktur und Eigenschaften.

*J. W. S. Hearle:* Die strukturellen Mechaniken der Fasern. Die mechanischen Eigenschaften von Wolle, pflanzlichen Fasern, Celluloseregeneratfasern und synthetischen Fasern werden modellmäßig gedeutet, wobei die bekannten Modelle zugrunde gelegt werden.

*R. J. Samuels:* Sphärolithstruktur, Deformationsmorphologie und mechanische Eigenschaften von isotaktischen Polypropylenfasern. Es werden die bei der Herstellung und bei der Textilprüfung auftretenden morphologischen Veränderungen, besonders der Sphärolithe, mittels neun verschiedener physikalischer Methoden untersucht und strukturell gedeutet, wobei auch die Mikrohohlräume mit diskutiert werden. *Ch. Ruscher*

*Photochemistry.* Von *Jack G. Calvert* und *James N. Pitts jr.* New York/London/Sidney: Wiley & Sons 1966. XIV, 350 S. Lwd. 150 s.

Die ständig wachsende Bedeutung der Photochemie für alle Bereiche der chemischen Forschung, der Biologie und der Spektroskopie sowie das umfassende Interesse an den Ergebnissen photochemischer Reaktionen dokumentieren sich sehr anschaulich in einer großen Zahl einschlägiger Publikationen und in der Tatsache, daß der Photochemie teilweise auch in chemischen Lehrbüchern ein gebührender Platz eingeräumt wird. Die zahlreichen generellen Gesetzmäßigkeiten und Probleme der Theorie und experimentellen Praxis photochemischer Reaktionen können jedoch weder Bestandteil allgemeiner Lehrbücher sein, noch in Fortschrittsberichten über spezielle Komplexe behandelt werden, so daß ihre Darstellung in der vorliegenden Monographie eine spürbare Lücke schließt. Das Buch enthält folgende Kapitel:

1. Licht und die Gesetze der Photochemie.
2. Wechselwirkung von Licht mit Atomen sowie durch Atome photosensibilisierte Reaktionen.
3. Einwirkung von Licht auf einfache Molekeln, Photochemie einfacher Molekeln.

4. Primäre photophysikalische Prozesse vielatomiger Molekeln.
5. Photochemie vielatomiger Molekeln.
6. Bestimmung des Mechanismus einer photochemischen Reaktion.
7. Experimentelle Methoden der Photochemie.
8. Tabellenanhang.

Die behandelte Thematik veranschaulicht, daß nahezu alle Teilgebiete der Photochemie diskutiert werden. Didaktisch gut angelegt, über 1800 Literaturangaben enthaltend und mit einem umfangreichen Autoren- und Sachregister versehen, stellt diese Monographie sowohl Lehrbuch als auch Nachschlagewerk dar, das dem Leser einen umfassenden Überblick über die Gesamtheit der photochemischen und photophysikalischen Gegebenheiten vermittelt und gleichzeitig eine beträchtliche Menge von Tatsachenmaterial bietet.

Den Lehrbuchcharakter betonen eine Reihe von Aufgaben am Ende der meisten Kapitel. Aus der Fülle ihrer Erfahrungen in Lehre und Laboratoriumspraxis schöpfend, haben *J. G. Calvert* und *J. N. Pitts jr.* ein Werk geschaffen, das zweifellos bei allen photochemisch interessierten Wissenschaftlern, unabhängig von der Summe der jeweiligen Kenntnisse und Erfahrungen auf diesem Gebiet, viele Freunde finden wird. *W. Jaeger*

*Polyolefins: Structure and Properties.* Von *Herman V. Boenig.* Amsterdam/London/New York: Elsevier Publ. Co. 1966. XI, 319 S. Lwd. Dfl. 47,50.

Die Produktion von Polyolefinen ist ebenso wie die Zahl der Publikationen und Patente in den letzten zehn Jahren sprunghaft gewachsen. Die bisher erschienenen Monographien stellten vorzugsweise die Polymerisation und eine mehr beschreibende Darstellung der Eigenschaften in den Vordergrund. *H. V. Boenig* hat dagegen versucht, sein Buch konsequent unter dem Aspekt der Beziehungen zwischen Struktur bzw. des physikalisch-chemischen Zustandes und den physikalischen, chemischen, elektrischen und thermischen Eigenschaften zu konzipieren.

Das Buch ist in acht Kapitel gegliedert. Nach einem kurzen Abriß der historischen Entwicklung werden im 2. Kapitel „Struktur der Polyolefine" nach einem Überblick über die Stereoregularität und Helixkonformationen den Fragen der Kristallisation ein breiter Raum gewidmet. Darin wird der Einfluß verschiedener Parameter, wie Temperatur, Druck, rel. Molekülmasse usw. auf die Kristallisation aus verdünnten Lösungen und aus der Schmelze behandelt.

Da es in der Industrie üblich ist, eine Grobeinteilung der Polyolefine nach ihrer Dichte vorzunehmen, werden die im Hinblick auf Qualität und Verarbeitbarkeit wichtigen Beziehungen zwischen Dichte und Eigenschaften in einem eigenen Kapitel erörtert.

In den folgenden Kapiteln werden die Zusammenhänge zwischen Struktur — vornehmlich der Einfluß der Kristallinität, der rel. Molekülmasse und der Verteilung usw. — auf die mechanischen Eigenschaften, die Widerstandsfähigkeit gegenüber chemischen Einflüssen, der elektrischen und thermischen Eigenschaften eingehend behandelt.

Im letzten Kapitel „Struktur und Verarbeitbarkeit" geht der Autor vor allem auf die für die Verarbeitung wichtiger Fragen der Rheologie von Schmelzen und neue Ergebnisse bei der Extrudierung von Polyolefinen ein.

Das Buch ist flüssig geschrieben und reichhaltig mit Tabellen und Diagrammen ausgestattet. Ein umfangreiches Literaturverzeichnis am Ende jedes Kapitels ermöglicht den Zugang zur Originalliteratur. Ein Autoren- und Sachverzeichnis schließen den Band ab.

Das Buch wendet sich in erster Linie an den Kunststoff-Fachmann. Darüber hinaus wird es aber auch dem auf dem Faserstoffgebiet Tätigen, der sich für diese Problematik interessiert, wertvolle Anregungen geben. *H. Herma*

*Mass Spectrometric Analysis of Solids.* Hgg. von *Arthur J. Ahearn.* Amsterdam/London/New York: Elsevier Publ. Co. 1966. VIII, 175 S., 45 Abb., 12 Tab. Lwd. Dfl. 30,—.

Der Nachweis von Verunreinigungen oder Beimengungen in den Größenordnungen $10^{-6}$ bis sogar zu $10^{-9}$ in festen Stoffen ist mit normalen analytischen Methoden schwer möglich. Bis zu diesen Bereichen ist jedoch der Einsatz der Massenspektrometrie erfolgreich. Voraussetzung für ihre Anwendung ist allerdings die Möglichkeit, die Substanzen zu verdampfen und zu ionisieren oder sie anderweitig molekular zu zerstäuben, so daß die Methode z. Z. noch auf Stoffe mit nicht zu hoher rel. Molekülmasse beschränkt bleibt. Es können also Polymere damit nicht untersucht werden, aber Abbau- oder Zersetzungsprodukte.

Im vorliegenden Buch wird überwiegend die methodische Problematik der Analysenmethode behandelt, und nur in einem Abschnitt sind Anwendungen auf spezielle Proben angeführt. Insgesamt werden 243 Literaturstellen zitiert.

*A. J. Ahearn* gibt im Kap. I auf 15 Seiten einen einführenden Überblick. Im II. Kap. berichtet *R. E. Honig* über „Die Herstellung von Ionen aus Festkörpern" (40 S.) und im III. Kap. *E. B. Owens* über „Photographische Emulsionen als Ionen-Detektoren in der quantitativen Massenspektrometrie" (55 S.). *J. W. Guthrie* beschäftigt sich im IV. Kap. mit der „Analyse spezieller Proben" (27 S.), wobei er auf Untersuchungen hinweist, bei denen z. B. in Thoriumdioxidproben noch Wismuth mit einer Menge von $3 \cdot 10^{-8}$ nachgewiesen worden ist und im getrockneten Blutplasma z. B. Blei mit einem Anteil von $2 \cdot 10^{-7}$. Im letzten Kapitel behandeln *W. M. Hickam* und *G. G. Sweeney* die „Massenspektrographische Mikroprobenanalyse" (26 S.).

Je ein Namen- und ein Sachregister schließen das recht nützliche Buch ab. *Ch. Ruscher*

*Conformations of Macromolecules.* Von *T. M. Birshtein* und *O. B. Ptitsyn.* [Englische Übersetzung von *S. N. Timasheff* und *M. J. Timasheff.*] (High Polymers Vol. XXII). New York/London/Sydney: Interscience Publ. Co. 1966. XIV, 350 S., 45 Abb. Lwd. 110 s.

Seit etwa 1950 werden in der Theoretischen Gruppe des Instituts für Hochmolekulare Verbindungen in Leningrad systematische Untersuchungen über die Statistik der Makromoleküle durchgeführt. Nachdem 1959 ein erstes zusammenfassendes Werk von *M. V. Wolkenstein* mit dem Titel „Konfigurationsstatistik polymerer Ketten" veröffentlicht worden war (engl. Übersetzung, Interscience Publ. 1963), liegt nunmehr ein zweites Werk über diese Thematik vor.

Das Buch von *Birshtein* und *Ptitsyn* enthält eine sehr gute Übersicht nicht nur über die sowjetischen Arbeiten zu diesem Thema. Insgesamt findet man über 800 Literaturzitate und in 13 Tabellen einen Überblick über zerstreut in der Literatur vorliegende Daten. Es sei besonders die Tabelle 3.1 „Parameter, die die Kristallstruktur der Makromoleküle charakterisieren" erwähnt, in der für 60 Substanzen die Angaben über Identitätsperiode, Helixtyp, Valenzwinkel und Winkel für innere Rotation zusammengestellt sind.

Man kann das Werk in zwei Teile aufteilen: Der erste Teil des Buches behandelt die Theorie für das „normale" kettenförmige Molekül, wobei eine quantitative Interpretation des Lösungszustandes und eine molekulare Deutung der mechanischen Eigenschaften gegeben werden. Im zweiten Teil werden theoretische Arbeiten über Biopolymere diskutiert, bei denen Konformationsfragen, besonders im Zusammenhang mit ihrer Helixstruktur, von Bedeutung sind.

Es sind speziell folgende Abschnitte enthalten:

1. Flexibilität der Makromoleküle und ihre physikalischen Eigenschaften (22 S.). 2. Innere Rotation und Rotationsisomerie (20 S.). 3. Konformationen der Makromoleküle und Mechanismen über Flexibilität (58 S.). 4. Statistiken der eindimensionalen Kooperativsysteme (in diesem Abschnitt wird besonders das Ising-Modell behandelt.) (22 S.). 5. und 6. Theorie der Dimensionen und Dipolmomente der Makromoleküle: Allgemeine Methoden und Gleichungen für reale Ketten (54 S.). 7. Vergleich der Theorie mit dem Experiment sowie Konformation der typischen Makromoleküle in Lösung (26 S.). 8. Konformation der Makromoleküle und mechanische Eigenschaften der Polymeren (34 S.). 9. Theorie der Konformationsübergänge in Polypeptidketten (34 S.). 10. Der Effekt äußerer Faktoren auf Konformationsübergänge in Polypeptidketten (20 S.). 11. Theorie der Konformationsübergänge in Polynukleidketten (28 S.).

Am Ende des ausgezeichneten Buches befinden sich umfangreiche Autoren- und Sachregister. *Ch. Ruscher*

# Patentschau

*Auszug aus der Lieferung 5/6/1968 der Patentschau „Faserstoffe und Textiltechnik", Ausgabe A: Faserstoffe einschl. Kunststoffe und organ. Grundsubstanzen, zusammengestellt von der Abteilung Wissenschaftliches Berichtswesen des Instituts für Faserstoff-Forschung der DAW, 153 Teltow-Seehof, Kantstr. 55*

Die Patentschau ist nach der deutschen Patentklasseneinteilung gegliedert. Es bedeuten: DDP = DDR-Patent; DBP = Deutsches Bundespatent; DAS = (West)-Deutsche Auslegeschrift; OeP = Österreichisches Patent; PoP = Polnisches Patent; SzP = Schweizer Patent; FrP = Französisches Patent; GBP = Britisches Patent; SvP = Schwedisches Patent; SUP = Sowjetisches Patent; ČSP = Tschechoslowakisches Patent; USP = Amerikanisches Patent; — A = Anmeldedatum, B = Tag der Ausgabe der Patent- bzw. Auslegeschrift

*Klasse 12o, 6. Synthetische Derivate der Kohlenhydrate u. dgl., z. B. Celluloseester, auch Viscose*

DAS 1251729. Verfahren und Vorrichtung zur Herstellung von Hydroxyäthylcellulose. Erf.: *Reid Logan Mitchell, Arthur Raymond Albohn* u. *Stig George Palmgren*. Anm.: Rayonier Inc., New York, N. Y. (US). A. 7. 4. 60, B. 12. 10. 67. Kl.: 12o, 6. A.-Z.: R 27711 IVb/12o. Prior.: 7. 4. 59 (US; A.-Z.: 804789). Entspr. SzP 389582.

GBP 1086323. Derivat von Carboxymethylcellulose. Inh.: Courtaulds Ltd. A. 18. 7. 63, B. 11. 10. 67. Kl.: C3.A. Int. Kl.: C 08b 11/12. A.-Z.: 28404/63.

USP 3354141. Verfahren zur Herstellung einer Viskosespinnlösung. Erf. u. Inh.: *Ivan Michael Kasser* u. *Alexander Kasser*, beide in 159 Gates Ave., Montclair, N. J. 07042. A. 6. 2. 64, B. 21. 11. 67. Kl.: 260–217. 3 Anspr. A.-Z.: 342956.

*12o, 14. Aromatische Carbonsäuren und Harzsäuren (teilweise)*

JaP 20692/67. Herstellung von Dimethylterephthalat. Inh.: Toyo Rayon K. K. A. 5. 3. 64, B. 16. 10. 67. A.-Z.: 11946/64

Jap 20693/67. Dimethylterephthalat. Inh.: Toyo Rayon Co. Ltd. A. 12. 5. 64, B. 16. 10. 67. A.-Z.: 25500/64

*Klasse 12o, 21. Carbonsäuren mit ungesättigter Atomkette, z. B. Zimtsäure (teilweise)*

DDP 59088. Verfahren zur Herstellung ungesättigter Nitrile und der zugehörigen Katalysatoren. Erf.: *Nicola Giordano, Enrico Caraterra* u. *Vittorio Fattore*. Inh.: Montecatini Edison S. p. A., Mailand (It). A. 21. 12. 66, B. 5. 12. 67. Kl.: 12o, 21. A.-Z.: AP 12o/121682. Prior.: 24. 12. 65 u. 7. 7. 66 (It; A.-Z.: 12726 u. 19958)

JaP 15923/67. Herstellung von (Meth)acrylsäure. Inh.: Nippon Zeon Co. A. 26. 6. 64, B. 1. 9. 67. A.-Z.: 36027/64.

USP 3354197. Verfahren zur Herstellung von ungesättigten Nitrilen aus Olefinen und Ammoniak. Erf.: *James Louis Callahan, Berthold Gertisser* u. *Joseph J. Szabo*. Inh.: The Standard Oil Co., Cleveland, Ohio. A. 9. 8. 65, B. 21. 11. 67. Kl.: 260–465,3. 6 Anspr. A.-Z.: 510414 (ausgesch. aus USP 3248340. A. 25. 4. 62, A.-Z.: 190038).

*Klasse 12p, 5. Stickstoffringe der heterocyclischen Reihe mit einem Stickstoffatom. Sonstige Ringe mit einem Stickstoffatom ...; Lactame ... (teilweise)*

SzP 448097. Verfahren zur Herstellung von ε-Caprolactam. Erf.: *Akira Mifune, Sachio Ishimoto* u. *Osamu Ikeda*. Inh.: Teijin Ltd., No. 1, Umeda, Kita-ku, Osaka (Ja). A. 23. 6. 64. Kl.: 12p, 5. A.-Z.: 8199/64. Prior.: 23. 6. 63 u. 11. 2. 64 (Ja; A.-Z.: 32697/63 u. 6938/64). Entspr. FrP 1396249. A.-Z.: 6938 entspr. FrP 1383698. A.-Z.: 32697 entspr. USP 3317516 u. A.-Z.: 6938 entspr. USP 3317517.

SzP 449021. Verfahren zur Herstellung von Lactamen aus cycloaliphatischen Ketoximen. Erf.: *Johan Willem Garritsen* u. *Johan Albert Bigot*. Inh.: Stamicarbon N. V., 2 van der Maesenstraat, Heerlen (Nd). A. 11. 5. 64. Kl.: 12p, 5. A.-Z.: 6092/64. Prior.: 14. 5. 63 (Nd; A.-Z.: 292749). Entspr. FrP 1418841 u. USP 3255487.

USP 3354148. Verfahren zur gleichzeitigen Herstellung von ε-Caprolactam und aromatischen Säuren. Erf.: *Richard B. Lund, Paul W. Simon* u. *John Vitrone*. Inh.: Allied Chemical Corp., New York, N. Y. A. 8. 12. 65, B. 21. 11. 67. Kl.: 260–239,3. 7 Anspr. A.-Z.: 512533. Entspr. FrP 1503401.

*Klasse 29a. Mechanische Gewinnung von Gespinstfasern*

SzP 448363. Verfahren zur Herstellung von Stapelfasern. Erf.: *Jan Dekker* u. *Hans Frielingsdorf*. Inh.: Shell Internationale Research Maatschappij N. V., Carel van Bylandtlaan 30, Den Haag (Nd). A. 14. 2. 67. Kl.: 29a, 6/05. A.-Z.: 2111/67. Prior.: 16. 2. 66 (Nd; A.-Z.: 6601968).

USP 3353223 Zus. z. Pat. m. A.-Z.: 302945. A. 19. 8. 63. Verfahren und Vorrichtung zum Texturieren. Erf.: *Arthur G. Coffin jr.* u. *Daniel I. Saxon*. Inh.: Eastman Kodak Co., Rochester, N. Y. A. 31. 5. 66, B. 21. 11. 67. Kl.: 19–66. 6 Anspr. A.-Z.: 554217.

DAS 1253862. Verfahren zur Herstellung gekräuselter Fäden. Erf.: *Felix Schmieder, Joachim Hildebrand* u. *Walter Krombach*. Anm.: Farbwerke Hoechst AG vorm. Meister Lucius & Brüning, Frankfurt/M. A. 31. 12. 58, B. 9. 11. 67. Kl.: 29a, 6/20. A.-Z.: F 27392 VIIa/29a. Entspr. SzP 392766.

GBP 1091367. Heterofäden. Inh.: Imperial Chemical Industries Ltd. A. 23. 6. 65, B. 15. 11. 67. Kl.: B 5.B, Int. Kl.: D 01d 5/28. A.-Z.: 26598/65. Entspr. FrP 1484439.

DAS 1253861. Vorrichtung zum Einführen einer Federhülse in einen kernlosen Fadenwickel. Erf.: *Hartmut Wischer, Herbert Brauner* u. *Matthias Geimer*. Anm.: Glanzstoff Köln GmbH, Wuppertal. A. 5. 10. 61, B. 9. 11. 67. Kl.: 29a, 6/08. A.-Z.: G 33276 VIIa/29a.

GBP 1090299. Verstreckvorrichtung. Inh.: Imperial Chemical Industries Ltd. A. 25. 3. 65, B. 8. 11. 67. Kl.: B 5.B. Int. Kl.: D 02j 1/22. A.-Z.: 12752/65. Entspr. FrP 1472643.

GBP 087884. Verstrecken von Olefinpolymerfaserstoffen. Inh.: Montecatini Soc. Gen. per l'Industrie Mineraria e Chimica. A. 29. 3. 65, B. 18. 10. 67. Kl.: B 5.B. Int. Kl.: D 01d. A.-Z.: 13204/65. Prior.: 7. 4. 64 (It; A.-Z.: 7577). Entspr. FrP 1431347.

SUP 205995. Zentrifugenspinntopf. Erf.: *I. S. Samofalov*, u. *M. I. Kanovič*. Anm.: Special'noe konstruktorskoe bjuro tekstil'nogo mašinostroenija. A. 16. 7. 66, B. 2. 12. 67. Kl.: 29a, 6/14. A.-Z.: 1091183/28–12.

DDP 59364. Regelbar beheizte, insbesondere induktiv beheizte Galette in Fadenförderwerken für synthetische Fäden. Erf.: *Hans Lohest*. Inh.: Barmag Barmer Maschinenfabrik AG, Wuppertal (DB). A. 1. 12. 66 B. 20. 12. 67. Kl.: 29a, 6/02. A.-Z.: AP 29a/121226. Prior.: 3. 12. 65 (DB; A.-Z.: B 84808 VIIa/29a). Entspr. SzP 439572.

GBP 1087321. Texturierte synthetische Polyesterfaserstoffe. Inh.: Imperial Chemical Industries Ltd. A. 5. 2. 64, B. 18. 10. 67. Kl.: B 5.B. Int. Kl.: D 01d. A.-Z.: 4880/64. Entspr. SzP 435539 u. FrP 1423587.

USP 3353239. Verfahren und Vorrichtung zum Texturieren von Fäden. Erf.: *James W. I. Heijnis*. Inh.: American Enka Corp., Enka, N. C. A. 25. 1. 65, B. 21. 11. 67. Kl.: 28–1. 7 Anspr. A.-Z.: 427828. Prior.: 1. 2. 64 (Nd; A.-Z.: 64–844).

USP 3353241. Verfahren zur Herstellung von verschieden texturierten Fäden. Erf.: *Harry A. Prosceno, Victor H. Schrader* u. *Steve E. Zeis*. Inh.: Joseph Bancroft & Sons Co., Rockford, Wilmington, Del. A. 10. 9. 65, B. 21. 11. 67. Kl.: 28–1. 10 Anspr. A.-Z.: 486393. Entspr. FrP 1493857.

USP 3354511. Kräuseln von Textilmaterial. Erf.: *Donald Alexander Ross*. Inh.: International Wool Development Co., Melbourne, Victoria (Au). A. 21. 1. 65, B. 28. 11. 67. Kl.: 19–66, 11 Anspr. A.-Z.: 426756. Entspr. FrP 1465856.

*Klasse 29b. Chemische Gewinnung bzw. Herstellung von Spinnfasern und Fäden sowie ihre Präparation für die textile Weiterverarbeitung*

GBP 1090258. Verfahren zur Transparentfärbung von Celluloseacetat. Inh.: VEB Farbenfabriken Wolfen. A. 21. 5. 65, B. 8. 11. 67. Kl.: C 3.F. Int. Kl.: C 08b, 21/04. A.-Z.: 21634/65.

DAS 1252844. Verfahren zum kontinuierlichen Färben von Fäden und Faserkabeln aus hochmolekularen, linearen Polyestern. Erf.: *Rosl Kretsch* u. *Helmut Zettler*. Anm.: Farbwerke Hoechst AG vorm. Meister Lucius & Brüning, Frankfurt/M. A. 5. 3. 64, B. 26. 10. 67. Kl.: 29b, 3/60. A.-Z.: F 42207 IVc/29b.

DAS 1254285. Phosphorsäure-modifizierte Mischpolyester zum Herstellen von Fäden nach dem Schmelzspinnverfahren. Erf.: *Hilmar Roedel* u. *Erhard Siggel*. Anm.: Glanzstoff AG, Wuppertal-Elberfeld, Glanzstoffhaus. A. 10. 3. 62, B. 16. 11. 67. Kl.: 29b, 3/60. A.-Z.: V 22166 IVc/29b. Entspr. SzP 410414 u. GBP 963966.

USP 3355413. Polyesterfaserstoffe, die gegen ein erneutes Verschmutzen während des Waschens beständig sind. Erf.: *John Edward Kiefer*. Inh.: Eastman Kodak Co., Rochester, N. Y. A. 14. 10. 66, B. 28. 11. 67. Kl.: 260–31,4. 4 Anspr. A.-Z.: 586671.

DDP 59366. Verfahren zur Herstellung von Fäden, Fasern und dergleichen aus Mischungen von Polyacrylnitril bzw. Acrylnitrilcopolymeren mit chlorhaltigen Polymeren. Erf. u. Inh.: *Werner Peters*, Brandenburg, *Siegfried Hartig, Wolfgang Meißner*., *Hans Rudolf* u. *Werner Berger*, Premnitz. A. 31. 10. 66, B. 20. 12. 67. Kl.: 29b, 3/65. A.-Z.: WP 29b/120650.

DAS 1251903. Verfahren zum Verbessern der Anfärbbarkeit von Fäden, Filmen oder Bändern aus Polyolefinen. Erf.: *Vittorio Capuccio Francesco Vacanti* u. *Paolo Maltese*. Anm.: Montecatini Soc. Gen. per l'Industria Mineraria e Chimica, Mailand (It), A. 11. 12. 57, B. 12. 10. 67. Kl.: 29b, 3/65. A.-Z.: M 36130 IVc/29b. Prior.: 12. 12. 56 u. 18. 11. 57 (It; A.-Z.: 18227 u. 6443). Entspr. SvP 205893. A.-Z.: 18227 entspr. USP 3312755.

DAS 1254288. Verfahren zum Verbessern von Eigenschaften von Textilfäden. Erf.: *Alberto Bonvicini* u. *Ennio Ildos*. Anm.: Montecatini Soc. Gen. per l'Industria Mineraria e Chimica, Mailand (It). A. 29. 1. 63, B. 16. 11. 67. Kl.: 29b, 3/65. A.-Z.: M 55588 IVc/29b. Prior.: 2. 2. 62 (It; A.-Z.: 2114). Entspr. GBP 960798.

USP 3355402. Färbbare Polypropylenfaserstoffe, die Aluminiumsalze enthalten. Erf.: *Minoru Sasaki, Tsuzuku Yamamoto, Akira Ichikawa, Takao Ohzeki, Kazuo Senda* u. *Shigenobu Masunaka*. Inh.: Mitsubishi Rayon Co., Ltd., Tokio (Ja). A. 4. 9. 64, B. 28. 11. 67. Kl.: 260–23. 9 Anspr. A.-Z.: 394596. Prior.: 5. 9. 64 u. 20. 7. 64 (Ja; A.-Z.: 38/47357 u. 39/41161). Entspr. FrP 1416413 u. GBP 1071004.

USP 3354013. Verfahren und Vorrichtung zum Aufbringen von teilchenförmigen Zusätzen auf ein kontinuierliches Fadenkabel. Erf.: *Robert L. Terrell* u. *Joel B. Stevens*. Inh.: Eastman Kodak Co., Rochester, N. Y. A. 26. 11. 63, B. 21. 11. 67. Kl.: 156–152. 6 Anspr. A.-Z.: 326095.

*Klasse 32a, 37/00. Herstellung von Fasern oder Fäden aus flüssigem Glas, flüssigen Mineralien oder flüssiger Schlacke*

JaP 15950/67. Vorrichtung zur Herstellung von Glasfaserstoff. Inh.: Nippon Glass Seni K. K. A. 4. 5. 64, B. 1. 9. 67. Kl.: 21A.

ČSP 125638. Deckel für das Schmelzaggregat zur Herstellung von Angora-Glasgarnen. Erf.: *Oldřich Macek, Vratislav Vysoký, Oldřich Helan* u. *Karel Březina*. A. 17. 5. 66, B. 15. 6. 67. Kl.: 32a, 37/00. Int. Kl.: C 03b. A.-Z.: 3285/66.

ČSP 125669. Abdeckung der Trommel für die Verstreckung zweier Faserbündel bei der Herstellung von Angora-Glasgarnen. Erf.: *Oldřich Macek, Vratislav Vysoký, Oldřich Helan* u. *Karel Březina*. A. 25. 6. 66, B. 15. 6. 67. Kl.: 32a, 37/00. Int. Kl.: C 03b. A.-Z.: 4265/66.

*Klasse 32b. Chemische Zusammensetzung von Gläsern, Glasuren oder Emails; Oberflächenbehandlung von Glas; Verbinden von Glas mit Glas oder anderen Stoffen*

JaP 19367/67. Färben von Glasfasern. Inh.: Kawashima Orimono K. K. A. 7. 5. 64, B. 30. 9. 67. A.-Z.: 25901/64.

SvP 209515. Verfahren zur Herstellung von Fasern mit hohem Siliciumdioxidgehalt. Erf.: *D. Labino*. Inh.: L. O. F. Glass Fibers Co., Toledo, Ohio (US). A. 12. 2. 57, B. 6. 12. 66. Kl.: 32b, 25/06.

*Klasse 39b. Verarbeiten von plastischen Massen, Kautschuk und hornartigen Stoffen, soweit nicht anderweitig vorgesehen (chemischer Teil), auch von Brems- und Schleifmassen sowie thermischen und akustischen Isoliermassen (teilweise)*

SzP 450342. Verwendung von neuen Thiophenderivaten als optische Aufhellmittel außerhalb der Textilindustrie. Erf.: *Erwin Maeder, Rudolf Anliker, Peter Liechti* u. *Adolf-Emil Siegrist*. Inh.: Ciba AG, Basel. A. 27. 8. 62. Kl.: 39b, 22/01. A.-Z.: 10149/62. Entspr. GBP 978547.

DAS 1252892. Verfahren zur Herstellung von homogenen Polyurethanelastomeren. Erf.: *Hitoshi Kinouchi* u. *Motoyasu Kunigiza.* Anm.: Dainippon Ink and Chemicals Inc., Tokio (Ja). A. 22. 2. 64, B. 26. 10. 67. Kl.: 39b, 22/04. A.-Z.: D 43708 IVc/39b. Prior.: 22. 2. 63 (Ja; A.-Z.: 9111). Entspr. GBP 1044482.

FrP 1502926. Neue stickstoffhaltige, wärmebeständige Harze. Erf.: *G. Rabilloud, B. Sillion* u. *G. de Gaudemaris.* Inh.: Institut Francais du Petrole des Carburants et Lubrifiants. A. 12. 10. 66, B. 24. 11. 67. Int. Kl.: C 03c u. C 08g. A.-Z.: 79753.

GBP 1088045. Polyamid/Pigment-Kompositionen. Inh.: Imperial Chemical Industries Ltd. A. 24. 5. 63, B. 18. 10. 67. Kl.: C3.R. Int. Kl.: C 08g 41/02, 51/02. A.-Z.: 20892/63. Entspr. FrP 1400672.

DDP 59165. Formmasse aus Polymerisaten und Mischpolymerisaten des Vinylchlorids. Erf. u. Inh.: *Eberhard Grimm, Freimuth Heibel,* Greiz, *Paul-Gerhard Schulze,* Dessau u. *Ehrenfried Birk,* Roßlau/Elbe. A. 10. 2. 67, B. 5. 12. 67. Kl.: 39b, 22/06. A.-Z.: WP 39b/122611.

DAS 1253453. Verfahren zum Stabilisieren von Mischpolymerisaten aus Äthylen, einem α-Olefin und mindestens einem mehrfach ungesättigten Kohlenwasserstoff. Erf.: *Harald Blümel.* Anm.: Chemische Werke Hüls AG, Marl, Kr. Recklinghausen. A. 12. 10. 65, B. 2. 11. 67. Kl.: 39b, 22/06. A.-Z.: C 37126 IVc/39b.

OeP 261208. Herstellung von feinen, nichtagglomerierenden und in Wasser redispergierbaren Pulvern aus Vinylacetatcopolymeren. Erf.: *Massimo Scatena* u. *Bruno Berardi.* Inh.: Società Edison, Mailand (It). A. 19. 6. 64. Kl.: 39b, 14. A.-Z.: 5295/64. Prior.: 20. 6. 63 (It).

FrP 1499228 (Aj.). Neue plastifizierte, schmutzabweisende Vinylharzkompositionen. Erf.: *M. Roussos, Y. Bourgeois* u. *B. Jasse.* Inh.: Société de Produits Chimiques et de Synthese. A. 28. 7. 66, B. 27. 10. 67. Int. Kl.: C 08f. A.-Z.: 71171.

FrP 1500602. Verfahren zur Rückgewinnung von Polymeren, besonders α-Olefinen, aus einer diese enthaltenden Lösung. Inh.: The Dow Chemical Co. A. 9. 11. 66, B. 3. 11. 67. Int. Kl.: C 08f. A.-Z.: 830020.

FrP 1500604. Neue Kompositionen mit verbesserter Farbstoffaffinität auf Basis synthetischer Olefinhochpolymerer in Form von textilen Fasern, Filmen, gegossenen oder ähnlichen Artikeln und Verfahren zu ihrer Herstellung. Erf.: *L. Tavoletti.* Inh.: Montecatini Edison S. p. A. A. 9. 11. 66, B. 3. 11. 67. Int. Kl.: C 08f. A.-Z.: 83034. Prior.: 10. 11. 65 (It; A.-Z.: 24894/65).

GBP 1091590. Stabilisierung von Polyolefinen. Inh.: Imperial Chemical Industries Ltd. A. 11. 11. 65, B. 22. 11. 67. Kl.: C3.P. Int. Kl.: C 08f 45/60. A.-Z.: 47900/65. Entspr. FrP 1499707.

GBP 1092022. Reinigung polymerisierter Olefine, die mit Vanadiumverbindungen enthaltenden Katalysatoren hergestellt wurden. Inh.: Dow Chemical Co. A. 7. 7. 66, B. 22. 11. 67. Kl.: C3.P. Int. Kl.: C 08f 1/88. A.-Z.: 30631/66. Prior.: 12. 7. 65 (US; A.-Z.: 471432). Entspr. FrP 1485211.

SUP 205280 (Urheberschein). Verfahren zum Entfernen von Zieglerschen Katalysatorrückständen aus Polyolefinsuspensionen. Erf.: *Arndt Striegler, Robert Kaufhold, Wolfgang Knotha* u. *Manfred Schönfeld* (DD). A. 9. 6. 62, B. 13. 11. 67. Kl.: 39b, 22/06. A.-Z.: 781894/23 – 5.

DAS 1252413. Halogen- und phosphorhaltige organische Verbindungen als flammwidrigmachender Zusatz in Polyesterformmassen. Erf.: *Adolf Meslinga* u. *Petrus Jan Napjus.* Anm.: Chemische Fabrik Kalk GmbH, Köln-Kalk, Kalker Hauptstr. 32. A. 6. 12. 63, B. 19. 10. 67. Kl.: 39b, 22/10. A.-Z.: C 31602 IVc/39b. Entspr. FrP 1437408.

DAS 1254354. Stabilisatorgemisch für Formaldehydpolymerisat. Erf.: *Tamotsu Eguchi* u. *Junnosuke Yamauchi.* Anm.: Kurashiki Rayon Co. Ltd., Kurashiki City (Ja). A. 9. 11. 64, B. 16. 11. 67. Kl.: 39b, 22/10. A.-Z.: K 54474 IVc/39b. Prior.: 8. 11. 63 (Ja; A.-Z.: 60085). Entspr. FrP 1413651 u. GBP 1084368.

DAS 1254355. Verfahren zur Herstellung von Gebilden aus Asbestfasergut auf Siliconbasis. Erf.: *Siegfried Nitzsche, Ewald Pirson* u. *Erich Schmidt.* Anm.: Wacker-Chemie GmbH, München 22, Prinzregentenstr. 22. A. 13. 9. 62, B. 16. 11. 67. Kl.: 39b, 22/10. A.-Z.: W 32951 IVc/39b.

GBP 1091733. Färben von Polyestern in Masse. Inh.: Imperial Chemical Industries Ltd. A. 26. 3. 65, B. 22. 11. 67. Kl.: C3.R. Int. Kl.: C 08g 39/04, 51/66. A.-Z.: 12959/65. Entspr. DDP 56094 u. FrP 1472590.

SUP 205285 (Urheberschein). Verfahren zum Thermostabilisieren von veresterten Polyoxymethylenen. Erf.: *Robert Kaufhold, Gerhard Buchmann* u. *Werner Eifert* (DD). A. 11. 2. 65, B. 13. 11. 67. Kl.: 39b, 22/10. A.-Z.: 942120/23 – 5.

*Klasse 39c. Herstellung von Kunstharzen*

FrP 90328 Zus. z. Pat. 1214996. Verbesserungen bezüglich konzentrierter Harnstoff/Formaldehyd-Lösungen. Erf.: *E. Bondi* u. *F. Falciani.* Inh.: Montecatini Edison S. p. A. A. 26. 7. 66, B. 24. 11. 67. Int. Kl.: C 08g. A.-Z.: 70895. Prior.: 27. 7. 65 (It; A.-Z.: 116998/65, Montecatini Soc. Gen. per l'Industria Mineraria e Chimica).

DAS 1253457. Verfahren zur Herstellung von stabilisierten, noch vernetzbaren Polyurethanen. Anm.: The Goodyear Tire & Rubber Co., Akron, Ohio (US). A. 12. 12. 60, B. 2. 11. 67. Kl.: 39c, 6. A.-Z.: G 31136 IVd/39c. Prior.: 22. 12. 59 (US; A.-Z.: 861171). Entspr. GBP 969853.

FrP 1497772. Verbesserungen der Herstellungsverfahren von lichtbeständigen Polyurethanelastomeren und so erhaltene Produkte. Inh.: Urgesi, F. A. 25. 10. 66, B. 13. 10. 67. Int. Kl.: D 01f u. C 08g. A.-Z.: 81504. Prior.: 5. 11. 65 (It; A.-Z.: 24461/65).

GBP 1087896. Verfahren zur Herstellung von Urethanen. Inh.: Imperial Chemical Industries Ltd. A. 6. 7. 65, B. 18. 10. 67. Kl.: C2.C. Int. Kl.: C 07c 125/04. A.-Z.: 28577/65. Entspr. FrP 1487542.

GBP 1089132 Zus. z. Pat. 993704. Verfahren zur Herstellung von Urethanen. Inh.: Imperial Chemical Industries Ltd. A. 26. 5. 65, B. 1. 11. 67. Kl.: C2.C. Int. Kl.: C 07c 125/06. A.-Z.: 8687/64. Entspr. FrP 87443.

USP 3354100 Zus. z. Pat. m. A.-Z.: 292150. A. 1 7. 63. Aus Reaktionsprodukten von Polyoxyalkylenpolyolen und Orthoestern hergestellte Polyurethane. Erf.: *William C. Kuryla.* Inh.: Union Carbide Corp. A. 3. 10. 66, B. 21. 11. 67. Kl.: 260 – 2,5. 2 Anspr. A.-Z.: 583978.

SzP 449258. Verfahren zur alkalischen Polymerisation von Lactamen. Erf.: *Bernhard Stolt, Wolfgang Griehl* u. *Ingrid Melzer.* Inh.: Inventa AG für Forschung und Patentverwertung, Zürich, Stampfenbachstraße 38, Zürich. A. 25. 10. 65. Kl.: 39c, 10. A.-Z.: 14784/65. Entspr. FrP 1497760.

SzP 449260. Verfahren zur Herstellung eines Reaktionsproduktes, das ein Polyamid einschließt. Erf.: *James Regis Stephens.* Inh.: The Standard Oil Co., 910 South Michigan Avenue, Chicago, Ill. (US). A. 24. 3. 64. Kl.: 39c, 10 (22g, 7/01). A.-Z.: 7656/67.

GBP 1091808. Verfahren zur Herstellung einer Titandioxidkomposition und ein Verfahren zur Herstellung mattierter synthetischer linearer Polykondensationsprodukte. Inh.: Algemene Kunstzijde Unie N. V. A. 11. 8. 66, B. 22. 11. 67. Kl.: C1.A. Int. Kl.: C 09c 1/36. A.-Z.: 36036/66. Prior.: 13. 8. 65 (Nd; A.-Z.: 6510581).

ČSP 125683. Verfahren zur Polymerisation von Lactamen der Aminosäuren. Erf.: *Jaroslav Králiček, Jaroslava Koudelíková* u. *Jitka Šolcová.* A. 14. 7. 66, B. 15. 6. 67. Kl.: 39c, 15. Int. Kl.: C 08f. A.-Z.: 4750/66.

USP 3354120. Aus 5,5'-Diaminoindigo hergestellte Polyamide. Erf.: *Hartwig C. Bach* u. *Jack Preston.* Inh.: Monsanto Co. A. 26. 2. 64, B. 21. 11. 67. Kl.: 260 – 47. 12 Anspr. A.-Z.: 347355. Entspr. FrP 1430480.

USP 3354127 Zus. z. Pat. m. A.-Z.: 109832. A. 15. 5. 61. Aromatische Copolyamide. Erf.: *Harold Wayne Hill jr., Stephanie Louis Kwolek* u. *Wilfred Sweeny.* Inh.: E. I. du Pont de Nemours and Co., Wilmington, Del. A. 18. 4. 66, B. 21. 11. 67. Kl.: 260 – 78. 6 Anspr. A.-Z.: 543078.

DAS 1252897. Verfahren zur Herstellung von Formkörpern auf der Basis von Polyaddukten. Erf.: *Robert Schmitz-Josten, Günther Frank* u. *Karl-Heinz Andres.* Anm.: Farbenfabriken Bayer AG, Leverkusen. A. 24. 5. 62. B. 26. 10. 67. Kl.: 39c, 13. A.-Z.: F 36893 IVd/39c.

DAS 1251950. Verfahren zur Herstellung von linearen Polyestern. Erf.: *Adolf Hartmann, Wolfgang Burghardt* u. *Gerhard Gatys.* Anm.: Farbwerke Hoechst AG vorm. Meister Lucius & Brüning, Frankfurt/M. A. 29. 8. 63, B. 12. 10. 67. Kl.: 39c, 16. A.-Z.: F 40613 IVd/39c. Entspr. FrP 1409986. u. GBP 1069732.

DAS 1251951. Verfahren zur Herstellung linearer faserbildender Polyester. Erf.: *Kozo Ide* u. *Kentaro Noguchi.* Anm.: Kanegafuchi Spinning Co., Ltd., Tokio. A. 20. 9. 61, B. 12. 10. 67.Kl.: 39c, 16. A.-Z.: K 44758 IVd/39c. Prior.: 27. 9. 60 (Ja; A.-Z.: 39932). Entspr. USP 3164569.

SzP 448524. Verfahren zur Herstellung von Alkydharzen. Erf.: *Jacques Joseph Johan Drost.* Inh.: Shell Internationale Research Maatschappi, N. V., Carel van Bylandtlaan 30, Den Haag (Nd). A. 27. 2. 61. Kl.: 39c, 16. A.-Z.: 2345/61. Prior.: 29. 2. 60 (Nd; A.-Z.: 248912). Entspr. GBP 942839.

GBP 1090527. Verfahren zur Polymerisation von β-Lactonen in Suspension. Inh.: Shell Internationale Research Maatschappij N. V. A. 5. 9 66, B. 8. 11. 67. Kl.: C3.R. Int. Kl.: C 08g 17/02. A.-Z.: 39532/66. Prior.: 7. 9. 65 (Nd; A.-Z.: 6511630). Entspr. FrP 1491780.

GBP 1090780. Verfahren zur Polymerisation von β-Lactonen. Inh.: Shell Interationale Research Maatschappij N. V. A. 21. 6. 66, B. 15. 11. 67. Kl.: C3.R. Int. Kl.: C 08g 17/02. A.-Z.: 27608/66. Prior.: 23. 6. 65 (Nd; A.-Z.: 6508040). Entspr. FrP 1484228.

GBP 1091234. Verfahren zur Herstellung von Polyestern aus Terephthalsäure und Glykolen. Inh.: Gevaert-Agfa N. V. A. 20. 5. 66, B. 15. 11, 67. Kl.: C3.R. Int. Kl.: C 08g 17/08. A.-Z.: 22632/66.

JaP 20794/67. Herstellung von Polyäthylenglykolterephthalat. Inh.: Wickels Zimmer AG, Planung und Bau. A. 24. 10. 62, B. 16. 10. 67. Kl.: 26D.

ČSP 125577. Verfahren zur Herstellung ungesättigter Polyesterharze. Erf.: *Miroslav Vraný* u. *Ivan Ruzička.* A. 25. 2. 66, B. 15. 6. 67. Kl.: 39c, 16. Int.: Kl.: C 08g. A.-Z.: 1254/66.

ČSP 125579. Verfahren zur Herstellung von Polyestern. Erf.: *Miroslav Vraný.* A. 26. 2. 66, B. 15. 6. 67. Kl.: 39c, 16. Int. Kl.: C 08g. A.-Z.: 1287/66.

FrP 1501003. Polyoxymethylene und Verfahren zu ihrer Herstellung. Inh.: Houillères du Bassin du Nord et du Pas-de-Calais. A. 9. 9. 66, B. 10. 11. 67. Int. Kl.: C 08g. A.-Z.: 75891.

DAS 1252898. Verfahren zur Herstellung von Copolymerisaten des Trioxans. Erf.: *Wolfgang von der Emden* u. *Ernst-Ulrich Köcher.* Anm.: Farbenfabriken Bayer AG, Leverkusen. A. 12. 6. 65, B. 26. 10. 67. Kl.: 39c, 19. A.-Z.: F 46312 IVd/39c. Entspr. FrP 1482442.

GBP 1086391. Polyoxymethylen-Copolymere. Inh.: Montecatini Soc. Gen. per l'Industria Mineraria e Chimica. A. 22. 2. 65, B. 11. 10. 67. Kl.: C3.P. Int. Kl.: C 08g 13/00. A.-Z.: 7651/65. Prior.: 27. 2. 64 (It; A.-Z.: 4254). Entspr. FrP 1425220.

JaP 17503/67. Styrolcopolymerisation. Inh.: Sumitomo Bakelite Co. A. 26. 5. 61, B. 13. 9. 67. A.-Z.: 18126/61.

DDP 59393. Verfahren zur Herstellung gleichmäßig großer und gut kugelförmiger Polymerisatteilchen. Erf. u. Inh.: *Klaus Häupke,* Halle/Saale. A. 2. 11. 66, B. 20. 12. 67. Kl.: 39c, 25/01. A.-Z.: WP 39c/120686.

DAS 1252901. Verfahren zur Herstellung von Pfropfpolymeren. Erf.: *Giulio Natta, Enrico Beati* u. *Febo Severini.* Anm.: Montecatini Soc. Gen. per l'Industria Mineraria e Chimica, Mailand (It.) A. 28. 6. 61, B. 26. 10. 67. Kl.: 39c, 25/01. A.-Z.: M 49481 IVd/39c. Prior.: 30. 6. 60 (It; A.-Z.: 11632). Entspr. USP 3288739.

DAS 1253915. Verfahren zur Herstellung von farbigen Copolymerisaten. Erf.: *Klaus Gulbins, Günter Lange* u. *Hans Wilhelm.* Anm.: Badische Anilin- & Soda-Fabrik AG, Ludwigshafen/Rh. A. 8. 8. 64, B. 9. 11. 67. Kl.: 39c, 25/01. A.-Z.: B 78022 IVd/39c. Entspr. FrP 1458306 u. GBP 1064470.

SzP 448530. Verfahren zur Emulsionspolymerisation von Vinylacetat. Erf.: *Massimo Scatena* u. *Luciano Scarso.* Inh.: Società Edison, via Marco U. Traiano, 7. Mailand (It). A. 22. 9. 60. Kl.: 39c, 25/01 (39b, 22/06 u. 22g/10/01). A.-Z.: 10730/60. Prior.: 22. 10. 59 (It; A.-Z.: 17608/59).

SzP 449263. Verfahren zur Polymerisation von Olefinen. Erf.: *Felix Bloyaert* u. *Henri Toussaint.* Inh.: Solvay et Cie. (Société Anonyme), 33, rue Prince Albert, Brüssel (Be). A. 12. 6. 63. Kl.: 39c, 25/01. A.-Z.: 7331/63. Prior.: 11. 7. 62 (Be; A.-Z.: 495256). Entspr. FrP 1358349.

FrP 1499619. Verfahren zur Pfropfpolymerisation von Cellulosefasern und Vinylverbindungen mittels Bestrahlung, angewandte Katalysatoren sowie neue, danach erhaltene Produkte. Inh.: Japan Atomic Energy Research Institute. A. 4. 11. 66, B. 27. 10. 67. Int. Kl.: C 08b u. 08f. A.-Z.: 82558.

FrP 1501193. Verfahren zur Herstellung von Polymeren des Polyäthylentyps mit amidierten Seitenketten. Inh.: Gulf Oil Corp. A. 7. 11. 66, B. 10. 11. 67. Int. Kl.: C 08f. A.-Z.: 82781.

FrP 1501432. Verfahren zur Herstellung einer kristallinen Komposition auf Basis von Titantrichlorid. Erf.: *L. Luciani* u. *G. Corsi.* Inh.: Montecatini Edison S. p. A. A. 22. 11. 66, B. 10. 11. 67. Int. Kl.: C 08f u. C 01g. A.-Z.: 84488. Prior.: 25. 11. 65 (It; A.-Z.: 26105/65, Montecatini Soc. Gen. per l'Industria Mineraria e Chimica).

GBP 1086497. Polymerisation von Vinylmonomeren. Inh.: Soc. Edison. A. 12. 11. 64, B. 11. 10. 67. Kl.: C3.P. Int. Kl.: C 08f 3/30. A.-Z.: 46194/64. Prior.: 18. 11. 63 (It; A.-Z.: 23493). Entspr. DDP 44270, SzP 432001 u. FrP 1423801.

GBP 1087100. Verfahren zur Polymerisation von Vinylchlorid. Inh.: Solvay & Cie. A. 22. 9. 66, B. 11. 10. 67. Kl.: C3.P. Int. Kl.: C 08f 1/14, 3/30. A.-Z.: 42372/66. Prior.: 30. 9. 65 (Be; A.-Z.: 670326).

GBP 1089147. Verfahren zur Herstellung von fluorierten Polymeren. Inh.: Montecatini Edison S. p. A. A. 4. 10. 66, B. 1. 11. 67. Kl.: C 3.P. Int. Kl.: C 08f 3/20. A.-Z.: 44214/66. Prior.: 4. 10. 65 (It; A.-Z.: 22092). Entspr. FrP 1493391.
GBP 1089279. Copolymere von endständig ungesättigten Olefinen und Vinylverbindungen und Verfahren zu ihrer Herstellung. Inh.: Sumitomo Chemical Co. Ltd. A. 29. 1. 65, B. 1. 11. 67. Kl.: C3.P. Int. Kl.: C 08f 1/28, 15/02 u. 19/00. A.-Z.: 4083/65. Prior.: 30. 1. 64 (Ja; A.-Z.: 4401). Entspr. FrP 1424091.
GBP 1090823. Copolymerisation von Äthylen. Inh.: Monsanto Co. A. 3. 12. 64, B. 15. 11. 67. Kl.: C3.P. Int. Kl.: C 08f 15/04. A.-Z.: 49274/64. Prior.: 3. 12. 63 (US; A.-Z.: 327804).
GBP 1090838. Verfahren zur Herstellung von ungesättigten Copolymeren. Inh.: Stamicarbon N. V. A. 13. 5. 65, B. 15. 11. 67. Kl.: C3.P. Int. Kl.: C 08f 1/28. A.-Z.: 23105/65. Prior.: 2 6. 64 (Nd; A.-Z.: 640167).
GBP 1090959 Zus. z. Pat. 1010860. Verfahren zur Polymerisation von Cyclopenten zu ungesättigten Hochpolymeren. Inh.: Montecatini Edison S. p. A. A. 14. 10. 66, B. 15. 11. 67. Kl.: C3.P. Int. Kl.: C 08f 1/42, 5/00. A.-Z.: 46110/66. Prior.: 20. 10. 65 (It; A.-Z.: 23518).
JaP 16050/67. Polymerisieren von Propylen. Inh.: Nissan Chem. Ind. Co. Ltd. A. 28. 12. 60, E. 2. 9. 67. A.-Z.: 50411/60.
JaP 16418/67. Anfärbbare Polyolefinformkörper. Inh.: Toyo Rayon Co. A. 6. 4. 64, B. 5. 9. 67. A.-Z.: 19094/64.
JaP 20771/67. Katalysatorsystem. Inh.: Toyo Rayon Co. Ltd. A. 19. 9. 63, B. 16. 10. 67. A.-Z.: 49453/63.
JaP 20782/67. Tetrafluoräthylentelomere. Inh.: Daikin Kogyo Co. Ltd. A. 24. 10. 63, B. 16. 10. 67. A.-Z.: 57006/63.
SUP 205295 (Urheberschein). Verfahren zur Herstellung von isotaktischem Polystyrol. Erf.: *O. L. Glavati, N. P. Nikitina, N. M. Dmitrieva* u. *B. K. Krupcov.* Anm.: Vsesojuznyj naučno-issledovatel'skij institut sintetičeskich volokon. A. 3. 1. 66, B. 13. 11. 67. Kl.: 39c, 25/01. A.-Z.: 1046301/23-5.
ČSP 125586. Verfahren zur Herstellung von Suspensions-Polyvinylchlorid mit poriger Struktur. Erf.: *Antonin Ryšánek, Jiři Foral* u. *Josef Zdražil.* A. 8. 3. 66, B. 15. 6. 67. Kl.: 39c, 25/01. Int. Kl.: C 08f. A.-Z.: 1532/66.
ČSP 125736. Verfahren zur Herstellung niedermolekularen Polypropylenöls. Erf.: *Eduard Spousta, Dagmar Náhlíková, Jitka Holasová* u. *Jaromir Dvořák.* A. 17. 9. 66, B. 15. 6. 67. Kl.: 39c, 5/01, Int. Kl.: C 08f. A.-Z.: 6023/66.
USP 3355415. Neue polymere Materialien. Erf.: *Roy Worrall.* Inh.: Monsanto Chemicals Ltd., London (GB). A. 26. 12. 62, B. 28. 11. 68. Kl.: 260-41. 10 Anspr. A.-Z.: 247300.
DAS 1251540. Verfahren zur Herstellung von Polymeren und/oder Copolymeren konjugierter Diene. Erf.: *Gerrit Jan van Amerongen* u. *Kenzie Nozaki.* Anm.: Shell Internationale Research Maatschappij N. V., Den Haag (Nd). A. 25. 2. 60, B. 5. 10. 67. Kl.: 39c, 25/05. A.-Z.: S 67282 IVd/39c. Prior.: 27. 2. 59 (Nd; A.-Z.: 236567).
DAS 1252418. Verfahren zur Herstellung von Butadienpolymerisaten. Erf.: *Herbert Naarmann* u. *Ernst-Günther Kastning.* Anm.: Badische Anilin- & Soda-Fabrik AG, Ludwigshafen/Rh. A. 15. 5. 65, B. 19. 10. 67. Kl.: 39c, 25/05. A.-Z.: B 81948 IVd/39c. Etspr. FrP 1479954.
DAS 1252902. Verfahren zur Herstellung von Pfropfpolymerisaten. Erf.: *Karl-Heinz Ott, Karl-Heinrich Knapp, Karl Dinges* u. *Harry Röhr.* Anm.: Farbenfabriken Bayer AG, Leverkusen. A. 30. 7. 63, B. 26. 10. 67. Kl.: (39c 25/05. A.-Z.: F 40368 IVd/39c. Entspr. FrP 1405589 u. GBP 1014019.
GBP 1090455. Nickelhaltige Substanzen und ihre Verwendung als Polymerisationskatalysatoren bei der Herstellung von Polyolefinen. Inh.: International Synthetic Rubber Co. Ltd. A. 27. 11. 64, B. 8. 11. 67. Kl.: B1.E. Int. Kl.: C 08d 1/12. A.-Z.: 48304/64. Entspr. FrP 1456252.
DAS 1251035. Verfahren zur Herstellung von polymeren organischen Silicium/Bor/Stickstoff-Verbindungen. Erf.: *Klaus Kleine-Weischede, Elmar-Manfred Horn, Konrad Lang* u. *Hans Niederprüm.* Anm.: Farbenfabriken Bayer AG, Leverkusen. A. 16. 10. 63, B. 28. 9. 67. Kl.: 39c, 30. A.-Z.: F 41000 IVd/39c. Entspr. FrP 1411632.
DAS 1252904. Verfahren zur Herstellung flüssiger mercaptomethylsiloxanmodifizierter Urethane. Erf.: *Walter Simmler, Hans Niederprüm, Walter Noll* u. *Karl Schnurrbusch.* Anm.: Farbenfabriken Bayer AG, Leverkusen. A. 22. 7. 63, B. 26. 10. 67. Kl.: 39c, 30. A.-Z.: F 40294 IVd/39c.
GBP 1086540. Ortho- und Oxetanester und ihre Herstellung. Inh.: Celanese Corp. A. 28. 10. 64, B. 11. 10. 67. Kl.: C2.C. Int. Kl.: C 07d 15/00. A.-Z.: 43938/64. Prior.: 31. 10. 63 (US; A.-Z.: 320557).
GBP 1087488. Oxydation von Phenolen. Inh.: Onderzoekings-Instituut Research N. V. A. 27. 10. 65, B. 18. 10. 67. Kl.: C3.R. Int. Kl.: C 08g 23/00. A.-Z.: 45510/65. Prior.: 29. 10. 64 (Nd; A.-Z.: 6412572).

*Klasse 42k, 50. Textilprüfung, Verfahren, Vorrichtungen und Maschinen zum Prüfen von Fasern, Fäden, Garnen, Geweben auf ihre mechanischen und Festigkeitseigenschaften, auf Spannungen, mechanische Unregelmäßigkeiten, Drall (Drehung), Pososität*

USP 3353244. Vorrichtung zum Anzeigen von Fadenenden mit hoher Spannung in einer Fadenlage. Erf.: *Hal R. Newcome.* Inh.: Allied Chemical Corp., New York, N. Y. A. 28. 3. 66, B. 21. 11. 67. Kl.: 28-35. 5 Anspr. A.-Z.: 537950.
USP 3354704. Zug-, Druck- und Biegeprüfmaschine. Erf.: *Wilbur T. Gloor.* Inh.: The Warner & Swasey Co., Cleveland, Ohio. A. 13. 9. 65, B. 28. 11. 67. Kl.: 73-93. 6 Anspr. A.-Z.: 486906.

*Klasse 47k. Allgemein anwendbare Verfahren und Vorrichtungen zum Bewegen, Führen und Speichern, z. B. Wickeln von faden-, draht-, seil-, kabel-, schlauch-, band- oder bahnförmigem Gut (teilweise)*

USP 3354627. Vorrichtung zur Überwachung von Fäden. Erf.: *Leopold Cásek, Zdenek Šilar, Miroslav Zouble* u. *Jarmila Kubičková.* Inh.: Vyzkumny ustav bavlnarsky, Usti nad Orlici (ČS). A. 1. 2. 66, B. 28. 11. 67. Kl.: 57-81. 19 Anspr. A.-Z.: 524223.
DDP 59452. Rollenbremseinrichtung mit Kernbremsung zum Konstanthalten der Zugspannung beim Abwickeln von auf Kernen zu Rollen gewickelten Bahnen aus Papier, Folien und dergleichen. Erf. u. Inh.: *Dietrich Hank* u. *Gert Strenge,* Leipzig. A. 31. 10. 66, B. 20. 12. 67. Kl.: 47k, 3/04. A.-Z.: WP 47k/120641.

*Klasse 55b. Verfahren zur Herstellung von Zellstoff, Zellstoffkocher, Wiedergewinnung der Ablauge und Abgase*

SUP 205546 (Urheberschein). Verfahren zur Zellstoffherstellung nach dem Natronverfahren. Erf.: *D. V. Tiščenko* u. *G. S. Čirkin.* Anm.: Leningradskij ordena Lenina lesotechničeskaja akademija im. S. M. Kirova. A. 6. 1. 64, B. 13. 11. 67. Kl.: 55b, 2/01. A.-Z.: 874892/29-14
SUP 206306 (Urheberschein). Verfahren zur Entfernung von Harzen und Fetten aus Kocherstoff. Erf. u. Anm.: *G. L. Dolgin, L. E. Akim* u. *E. D. Kuznecova.* A. 8. 8. 66, B. 2. 12. 67. Kl.: 55b, 5/01. A.-Z.: 1097204/29-33.

*Klasse 55c. Bleichen, Leimen, Färben, Füllen, Beschweren von Papierstoff und Zellstoff, Holländer, Stoffmühlen, Zellstoffaufschließer (teilweise)*

DAS 1254009. Verfahren zum gleichmäßigen Beladen von für die Herstellung von Papier, Vliesen oder dergleichen geeigneten Fasern mit Kunststoffen. Erf.: *Paul Spielau* u. *Gerhard Bier.* Anm.: Dynamit Nobel AG, Troisdorf. A. 2. 10. 63, B. 9. 11. 67. Kl.: 55c, 2. A.-Z.: D 42621 VIb/55c.

# Literaturschau

*Auszug aus Lieferung 13 und 14/1968 der Referatekartei „Faserstoffe und Textiltechnik", zusammengestellt von der Abteilung Wissenschaftliches Berichtswesen des Instituts für Faserstoff-Forschung der DAW 153 Teltow-Seehof, Kantstr. 55*

## I. Wissenschaftliche Grundlagen

### Allgemeines

(Untersuchungsmethoden u. a.)

*Ehrlich, J., Weiner, P., Stivala, S. S.:* Fortran-(II)-Computer-Programm für die Berechnung von konzentrationsabhängigen Sedimentationskoeffizienten. J. macromol. Sci., A: Chemistry **1** (1967) 6, S. 1127-1141.
*Ksondzer, E. G.:* Zusatz zum Rotationsviskosimeter RV-8. Zavodsk. Labor., Moskva (Betriebslabor) **34** (1968) 3, S. 371.
*Reimer, L., Schulte, Chr.:* Wiedergabgetreue elektronenmikroskopischer Oberflächenabdrücke von bekannten Modellobjekten. Naturwiss. **55** (1968) 4, S. 164-167.

### Physik und Chemie der Hochpolymeren

*Schurz, J., Schlor, M.:* Viskositätsmessungen an konzentrierten Lösungen von Polyelektrolyten. Cellulose Chem. Technology. Jassy/Rum. **2** (1968) 1, S. 35-52 (dt.).
*Ismajlov, I. M., Salagaev, V. G.:* Einfluß von Kieselerde verschiedenen Dispersionsgrades auf die rheologischen Eigenschaften von Polypropylenschmelze. Plast. Massy, Moskva (Plast. Massen) (1968) 4, S. 44-48.
*Tordella, J. P., Wilkens, J. B.:* Bemerkungen zu einem vorgeschlagenen Mechanismus der Abweichung von der stationären laminaren Strömung von Polymerschmelzen. J. appl. Polymer Sci. **11** (1967) 12, S. 2590.
*Eitel, M. J.:* Konzentrationsfluktuationen in verdünnten Polymerlösungen. I. Theoretische Betrachtung der Fließ/Zeit-Fluktuationen in einem Kapillarviskosimeter. J. physic. Chem. **72** (1968) 2, S. 448-457.
*Morrison, M. E.:* Diffusion von gelösten Gasen in geschmolzenen Polykondensaten. J. appl. Polymer Sci. **11** (1967) 12, S. 2587-2589.
*Odani, H.:* Diffusion in glasartige Polymere. IV. Diffusion von Methyläthylketon in ataktisches Polystyrol oberhalb der kritischen Konzentration. J. Polymer Sci., A-2: Polymer Physics **5** (1967) 6, S. 1189 bis 1197.
*Sippel, A.:* Bemerkung zur Frage der Polymerisationsgradverteilung bei Polykondensaten. Faserforsch. u. Textiltechnik **19** (1968) 7, S. 333.
*Kobayashi, Y., Okajima, S., Nakayama, K.:* Überfärbungserscheinung und Dichroismus von gefärbten Polymeren. J. appl. Polymer Sci. **11** (1967) 12, S. 2533-2542.
*Kössler, I., Vodehnal, J.:* Infrarotdifferentialanalyse von cyclischen Einheiten in Polyisopren. Analytic. Chem. **40** (1968) 4, S. 825-826.
*Campbell, D., Turner, D. T.:* Photoinduzierte Freiradikalumwandlung von Polyäthylenterephthalat nach Bestrahlung: Eine ESR-Untersuchung. J. Polymer Sci. B: Polymer Letters **6** (1968) 1, S. 1-4.
*McGuchan, R., McNeill, I. C.:* Untersuchungen von chlorierten Polyisobutylenen. Teil I. Untersuchung der Struktur durch protonmagnetische Resonanz und der Wärmebeständigkeit durch Analyse der thermischen Verflüchtigungsprodukte. J. Polymer Sci., A-1: Polymer Chem. **6** (1968) 1, S. 205-213.
*Svegliado, G., Talamini, G., Vidotto, G.:* Bestimmung der Stereoregularität von Polyacrylnitril mittels KMR. J. Polymer Sci. A-1: Polymer Chem. **5** (1967) 11, S. 2875-2881.
*Segre, A. L.:* Linienbreite der Spektren der hochauflösenden magnetischen Kernresonanz bei Vinylpolymeren. Macromolecules, Washington **1** (1968) 1, S. 93-95.
*Maron, R., Rose, K. P., Gröbe, A.:* Elektronenmikroskopische Untersuchungen an Oberflächen von Celluloseregeneratfäden. Teil II. Nachweis und Charakterisierung von Deckschichten auf den Fadenoberflächen. Faserforsch. u. Textiltechnik **19** (1968) 7, S. 319-324.
*Kovriżnych, Ju. P.:* Herstellung von Präparaten konzentrierter Lösungen von hochmolekularen Substanzen für elektronenmikroskopische Untersuchungen. Zavodsk. Labor., Moskva (Betriebslabor) **34** (1968) 3, S. 311 bis 312.
*Shibukawa, T., Sone, M., Uchida, A., Iwahori, K.:* Lichtstreuungsuntersuchung von Polyacrylnitrillösungen. J. Polymer Sci., A-1: Polymer Chem. **6** (1968) 1, S. 147-159.
*Bettelheim, F. A.:* Kleinwinkel-Lichtstreuung von ionotropen Gelen. J. Polymer Sci., A-2: Polymer Physics **5** (1967) 6, S. 1043-1053.
*Kirste, R. G., Wunderlich, W.:* Die Bestimmung des Trägheitsradius und des zweiten osmotischen Virialkoeffizienten von Polymeren in Lösung aus Röntgenkleinwinkelmessungen. Z. physik. Chemie, N. F., Frankfurt/M. **58** (1968) 1/4, S. 133-147.

*Bassi, I. W., Fagherazzi, G.:* Die trikline Struktur des trans-Polyoctenameren. European Polymer J. 4 (1968) 1, S. 123–132.
*Ueberreiter, K., Jander, K.:* Kristallisationskinetik von Polymeren. IV. Mitteilung: Eigenschaften und Kristallisationsverhalten eines verzweigten Polyäthylensuccinates. Kolloid-Z./Z. Polymere 222 (1968) 2, S. 97–102.
*van den Berg, W. B., Hijmans, B., Piet, P., Heikens, D.:* Komplexbildung zwischen iso- und syndiotaktischem Polymethylmethacrylat in Lösungen. Nature, London 217 (1968) 5132, S. 949.
*Kobayashi, Y., Okajima, S., Kosuda, H.:* Orientierungsänderung bei der thermischen Kontraktion von Polyacrylnitrilfasern. J. appl. Polymer Sci. 11 (1967) 12, S. 2525–2531.
*Włochowicz, A., Przygocki, W.:* Untersuchungen zur kristallinen Struktur des Polycarbonats aus 2,2-Di(p-hydroxyphenyl)propan nach deren Kristallisation aus Lösung, Teil I. Polimery, Warszawa 13 (1968) 2, S. 65–68.
*Nakajima, A., Hayashi, S., Korenaga, T., Sumida, T.:* Einfluß des Lösungsmittels auf die Einkristallbildung aus verdünnter Polyäthylenlösung. II. Mitteilung: Freie Oberflächenenergie der Einkristalle, bestimmt anhand der Lösetemperaturen, und die Dichte dieser Kristalle. Kolloid-Z./Z. Polymere 222 (1968) 2, S. 124–130. (engl.).
*Harris, J.:* Messung der Normalspannungsdifferenzen in Lösungen von Makromolekülen. Nature, London 217 (1968) 5135, S. 1248, 1249.
*Hosemann, R., Schramek, W.:* Statistische Methoden zur Ermittlung der Verteilung der Molekülgrößen in hochpolymeren Systemen aus Experimentalergebnissen der fraktionierten Fällung. IV. Berücksichtigung der Polydispersität der Fraktionen. J. Polymer Sci., A–1: Polymer Chem. 6 (1968) 1, S. 109–123.
*Kästner, S.:* Über die Bedeutung der molekularen Beweglichkeit für die physikalisch-technischen Eigenschaften der Polymeren. Plaste u. Kautschuk 15 (1968) 5, S. 332–339.
*Saunders, D. W., Darlington, M. W.:* Kriechen von stark anisotropem Polyäthylen niedriger Dichte. Nature, London 218 (1968) 5141, S. 561 bis 562.
*Fujimoto, T., Ozaki, N., Nagasawa, M.:* Spannungsrelaxation von monodispersem Poly-α-methylstyrol. J. Polymer Sci., A–2: Polymer Physics 6 (1968) 1, S. 129–140.
*Canter, N. H.:* Viskoelastizität eines Butadien/Styrol-Blockcopolymeren. J. Polymer Sci., A–2: Polymer Physics 6 (1968) 1, S. 155–163.
*McAbee, E., Levi, D. W.:* Vorhersage der mechanischen Eigenschaften von Polymeren, Zugfestigkeit verschiedener Thermoplasten. J. appl. Polymer Sci. 11 (1967) 12, S. 2443–2451.
*Smyslova, N. F., Emelin, E. A., Carfin, Ja. A., Bulygin, B. M.:* Hydroxylgruppen-Bestimmung in Polyestern. Z. anal. Chimii (Z. analyt. Chemie) 23 (1968) 4, S. 594–598.
*Kirby, J. R., Baldwin, A. J.:* Potentiometrische Bestimmung von sauren Gruppen in Acrylpolymeren und -fasern. Analytic. Chem. 40 (1968) 4, S. 689–695.
*Wiesener, E.:* Differential-thermoanalytische Untersuchungen an Polyäthylenterephthalat. Faserforsch. u. Textiltechnik 19 (1968) 7, S. 301 bis 303.
*Micko, M., Pikler, A.:* Beitrag zum Studium der Thermooxydation von Polypropylenfaserstoffen. I. Apparatur. II. Über den Einfluß einiger Parameter auf den Verlauf der Thermooxydationskurven von Polypropylen. Chem. Vlákna, Svit. (Chem. Fasern) 18 (1968) 2, S. 23–27; 28–31.
*Daoust, H., Hade, A.:* Einfluß der Polarität auf die Verdünnungswärmen von Polymethylmethacrylat-Lösungen. Polymer, London 9 (1968) 1, S. 47–50.
*Lomakina, V. S., Vasenin, R. M.:* Bestimmung des Temperaturbereiches der Rißbildung bei Polymeren bei der Sorption von Lösungsmitteln. Plast. Massy, Moskva (Plast. Massen) (1968) 4, S. 62.
*Joshi, R. M., Zwolinski, B. J., Hayes, C. W.:* Korrelationsverfahren zur Abschätzung von Verdampfungs-, Bildungs- und Polymerisationsenthalpien und einigen physikalischen Eigenschaften von Poly-α-olefinen. Macromolecules, Washington 1 (1968) 1, S. 30–36.
*Bruck, S. D., Levi, A. A.:* Thermischer Abbau und elektrische Eigenschaften von statistischen und Block/Piperazin-Copolyamiden. J. macromol. Sci., A: Chemistry 1 (1967) 6, S. 1095–1110.
*Mench, J. W., Fulkerson, B.:* Anlagerung von Aminen an Crotonsäureester der Cellulose. Herstellung und Eigenschaften von Cellulosepropionat-3-morpholinbutyrat (CPMB). IEC. Ind. engng. Chem./Product Res. Development 7 (1968) 1, S. 2–7.
*Tsurugi, J., Fukumoto, T., Ogawa, K.:* Fraktionierung von Pfropfpolymeren des Polybutadiens mit Methylmethacrylat. Kobunshi Kagaku, Tokyo (Chem. High Polymers) 25 (1968) 274, S. 116–119 (jap.; engl. Zusammenfass.).
*Mukerjee, P.:* Adsorptionsgeschwindigkeit von Netzmitteln und Detergentien. Nature, London 217 (1968) 5133, S. 1046.
*Penczek, P., Lewandowska, T.:* Ungesättigte Polyester mit Fumarendgruppen. Polimery, Warszawa 13 (1968) 2, S. 59–65.
*Kirby, J. R., Brandrup, J., Peebles, L. H., jr.:* Über die Chromophore in Polyacrylnitril. II. Anwesenheit von Ketogruppen in Polyacrylnitril. Macromolecules, Washington 1 (1968) 1, S. 53–59.

**Physik und Chemie der Monomeren und Oligomeren**

*Spei, M., Heidemann, G., Halboth, H.:* Weiterer röntgenographischer Nachweis der regelmäßigen Verteilung von Lysin in α-Keratin. Nature, London 217 (1968) 5125, S. 247.
*Morozova, I. D., Djatkina, M. E.:* Neue Angaben über Biradikale. Usp. Chimii (Fortschr. d. Chemie) 37 (1968) 5, S. 865–897.
*Philipp, B., Dautzenberg, H., Lang, H.:* Kinetische Untersuchungen zur Zersetzung von Thiocarbaminaten. Faserforsch. u. Textiltechnik 19 (1968) 7, S. 325–332.
*Bezuglyj, V. D., Ponomarev, Ju. P.:* Getrennte Bestimmung von Acrylaten und Methacrylaten nach der polarographischen Methode. Z. anal. Chimii (Z. analyt. Chemie) 23 (1968) 4, S. 599–605.
*Brown, W. G.:* Cyclodimerisation von Styrol. J. amer. chem. Soc. 90 (1968) 7, S. 1916–1917.
*Hamb, F. L., Trent, L. C.:* Synthese von cyclischem Trisäthylenterephthalat. J. Polymer Sci., B: Polymer Letters 5 (1967) 12, S. 1057–1058.

**Polymerisation**

*Ham, G. E., Lipman, R. D. A.:* Berechnung der Monomerdosierung und der wahrscheinlichen Produkte für gegebene Terpolymersysteme. J. macromol. Sci., A: Chemistry 1 (1967) 6, S. 1005–1010.
*Schnabel, W.:* Neuere Ergebnisse strahlenchemischer Untersuchungen. GIT. Fachz. Laboratorium 12 (1968) 4, S. 281–286.
*Hollander, J., Trischler, F. D., Gosnell, R. B.:* Synthese von Polyurethanen aus fluorierten Diisocyanaten. J. Polymer Sci., A–1: Polymer Chem. 5 (1967) 11, S. 2757–2767.
*Shu, So-sei, Tabata, Y., Oshima, K.:* Wirkung des Drucks auf die strahlungsinduzierte Polymerisation von β-Propiolacton im festen Zustand. Kobunshi Kagaku, Tokyo (Chem. High Polymers) 25 (1968) 274, S. 134 bis 138 (jap.; engl. Zusammenfass.).
*Gandini, A., Plesch, P. H.:* Kationische und pseudokationische Polymerisation von aromatischen Olefinen. II. Der Polymerisation von Styrol durch Perchlorsäure folgende Reaktionen. European Polymer J. 4 (1968) 1, S. 55–74.
*Borsini, G., Nicora, C.:* Neuer Initiator für die Tieftemperaturpolymerisation von Vinylchlorid. J. Polymer Sci., A–1: Polymer Chem. 6 (1968) 1, S. 21–39.
*Machi, S., Toyota, N.:* Durch γ-strahlungsinduzierte Polymerisation gebildete Einkristalle des Polyäthylens. J. Polymer Sci., A–2: Polymer Physics 6 (1968) 1, S. 289–293.
*Howard, E. G., Sargeant, P. B.:* Freiradikal-Chemie von Fluorketonen. II. Reaktion mit ungesättigten Verbindungen. J. macromol. Sci., A: Chemistry 1 (1967) 6, S. 1011–1023.
*Barbat, A., Kovačs, E.:* Copolymerisation von monomerem Formaldehyd mit 1,3-Dioxolan. Materiale plast. București 5 (1968) 2, S. 74–78.
*Matsumoto, T., Mune, I., Iwai, I.:* Polymerisation von Methylmethacrylat durch peroxydische Lösungsmittel. Kobunshi Kagaku, Tokyo (Chem. High Polymers) 25 (1968) 274, S. 127–133 (jap.; engl. Zusammenfass.).
*Ulbricht, J., Höring, S.:* N-Nitrosoazylamine als Initiatoren der Akrylnitrilpolymerisation. Plaste u. Kautschuk 15 (1968) 5, S. 340–342.
*Negishi, M., Arai, K., Okada, S.:* Kinetik der Pfropfcopolymerisation von Methylmethacrylat auf Wollfasern. J. appl. Polymer Sci. 11 (1967) 12, S. 2427–2441.
*Mihăilescu, S., Simionescu, Cr.:* Pfropfung einiger Cellulosederivate mit Polyacrylnitril und Polyacrylsäure. Cellulose Chem. Technology, Jassy/Rum. 2 (1968) 1, S. 25–33 (franz.).
*Kurihara, M., Yoda, N.:* Cyclopolykondensationen. VIII. Neue thermisch beständige Polybenzoxazinone durch Lösungspolymerisation in Polyphosphorsäure. J. macromol. Sci., A: Chemistry 1 (1967) 6, S. 1069 bis 1087.
*Malhotra, S. L., Deshpande, A. B., Kapur, S. L.:* Polymerisation von Styrol mit $ZrCl_4$ und $ZrCl_3$ in Kombination mit $Al(C_2H_5)_3$. J. Polymer Sci., A–1: Polymer Chem. 6 (1968) 1, S. 193–203.
*Burns, F. W., O'Connor, R. M., Pepper, D. C.:* Strahlungsinduzierte ionische Polymerisation von Styrol. J. Polymer Sci., B: Polymer Letters 5 (1967) 12, S. 1059–1061.
*Denaro, A. R., Owens, P. A., Crawshaw, A.:* Polymerisation von Styrol in einer Glimmentladung. European Polymer J. 4 (1968) 1, S. 93–106.

**Sonderfragen**

*Distler, H.:* Hydroxyalkylsulfoxide – eine neue Tensidklasse. Fette, Seifen, Anstrichmittel/Ernährungsind. 70 (1968) 1, S. 21–23.
*Hodgdon, R. B., jr.:* Aus Perfluoralkylarylmakromolekülen hergestellte Polyelektrolyte. J. Polymer Sci., A–1: Polymer Chem. 6 (1968) 1, S. 171–191.
*Cernătescu-Asandei, A., Grigoraș, M., Simionescu, Cr.:* Dynamik und Struktur der wichtigsten chemischen Verbindungen in normalen und krebsartigen Pflanzengeweben. Chemische und mikroskopische Untersuchungen zu krebsartigen Lignifizierungsvorgängen. Cellulose Chem. Technology, Jassy/Rum. 2 (1968) 1, S. 75–88 (engl.).

## II. Faserstoffe, Ausgangstoffe usw.

**Naturfaserstoffe**

*Pflanzliche Faserstoffe*

*Bornet, G. M.:* Aufbau und Ziele des neugegründeten Internationalen Baumwoll-Institutes. Melliand Textilber. 49 (1968) 6, S. 653–655.
*Hadwich, F.:* Bei Honigtaubefall der Baumwolle sind 4 Probleme zu lösen. Melliand Textilber. 49 (1968) 6, S. 648.

*Tierische Faserstoffe*

*Schiecke, H. E.:* Wolle. Bekleidungsmedizin 8 (1968) 2, S. 12.
*Aebi, R. A.:* Das Goldene Vlies – Symbol der ewigen Jugend. Textilveredlung, Weinfelden/Schweiz 3 (1968) 5, S. 265–266.
*Serafimoff, S., Arsoff, A., Kanczew, E.:* Die Chlorierung von Wollgarn bei Anwendung von Aminoplasten als Chlorakzeptor. Przegl. włókienn. (Textil-Rdsch.) 22 (1968) 3, S. 167–174.
*Dobozy, O. K.:* Vergilbung der Wolle. Ind. textile, Paris (1968) 967, S. 267 bis 280.

**Chemiefaserstoffe**

*Cellulose und Zellstoff*

*Jacopian, V., Schönbach, H.:* Zur Frage der Eignung des Pappelholzes für die Zellstoffindustrie. Zellstoff u. Papier 17 (1968) 5, S. 131–135.
*Casperson, G.:* Über Erkennungsmöglichkeiten von Reaktionsholz in Pappelholz. Zellstoff u. Papier 17 (1968) 5, S. 140–142.
*Nelson, P. F.:* Identifizierung von sauren Gruppen in Eucalyptus-Neutralsulfit- und Kiefernsulfatzellstoffen. Svensk Papperstidn. 71 (1968) 9, S. 369–372.
*Gilmont, P. L.:* Herstellung von Chlordioxid. Tappi, New York 51 (1968) 4, S. 62A–66A.
*Zackrisson, M.:* Gehalt an Verunreinigungen und brennbaren Substanzen in Bisulfitablauge. Svensk Papperstidn. 71 (1968) 9, S. 373–376.
*Hansson, J.-Å., Hartler, N.:* Alkalischer Abbau von Birken- und Kiefernxylanen. Svensk Papperstidn. 71 (1968) 9, S. 358–365.
*Šarkov, V. I., Levanova, V. P.:* Untersuchung des Verdichtungsprozesses der Cellulose mittels Fraktionierung. Z. prikl. Chimii (Z. angew. Chemie) 41 (1968) 4, S. 897–903.
*Ebringerová, A., Kramár, A.:* Uronsäuren des Weißbuchenholzes Carpinus betules L. Cellulose Chem. Technology, Jassy/Rum. 2 (1968) 1, S. 67–74 (engl.).

*Regeneratfaserstoffe*

*Treiber, E.:* Stand und Entwicklungen bei Viskosefaserstoffen. Cellulose Chem. Technology, Jassy/Rum. 2 (1968) 1, S. 53–66 (dt.).

*Kolosh, F., Söderberg, W.:* Faktoren, welche die Herauslösung des Modifikators aus der Viskose beeinflussen. Lenzinger Ber., Lenzing/Österr. (1968) 25, S. 65–72.

*Synthetische Faserstoffe*

*Mark, H.:* Aspekte künftiger Faserverbesserungen. Lenzinger Ber., Lenzing/Österr. (1968) 25, S. 5–15.

*van der Weyden, H.:* Das Dehnungsverhalten und die Oberflächenbeschaffenheit von Polyamid-Material. Z. ges. Textilind. **70** (1968) 5, S. 301–304.

*Gröbe, V., Heyer, H.-J.:* Untersuchungen zur Diffusion beim Naßspinnen von Polyacrylnitrilfasern. 3. Mitt.: Ergebnisse bei Einsatz wäßriger Fällbäder. Faserforsch. u. Textiltechnik **19** (1968) 7, S. 313–318.

Flachfäden direkt aus verstreckten Folien. Chemiefasern **18** (1968) 5, S. 368–388.

*Künstliche mineralische Faserstoffe*

*Barthel, R., Rothe, H.:* Fortschritte in der Herstellung und Anwendung von Glasseide. Dt. Textiltechnik **18** (1968) 6, S. 380–387.

**Ausgangsstoffe. Schaumstoffe. Kautschuk**

*Letenay, A.:* Anwendung von Celluloseäther zur Herstellung von Folien. Chem. Vlákna, Svit (Chem. Fasern) **18** (1968) 2, S. 31–35.

*Porejko, St., Wielgosz, Z.:* Synthese und Eigenschaften von Polycarbonaten aus Chlordiphenolen. Teil I. Synthese von Chlordiphenolen und deren Chlorameisensäureester. Polimery, Warszawa **13** (1968) 2, S. 55–59.

*Minsker, K. S., Kirpičnikov, P. A., Fedoseeva, G. T., Koljubakina, N. S., Benderskij, I. L., Veriżnikov, L. V.:* Einfluß der Verarbeitung von PVC-Mischungen auf die stabilisierende Wirksamkeit organischer Phosphite. Plast. Massy, Moskva (Plast. Massen) (1968) 4, S. 35–37.

## III. Fäden-Herstellungstechnologien

**Spinnerei. Zwirnerei**

*Spinnereivorbereitung*

*Brach, J.:* Die Lösungsmittelwäsche der Schweißwollen. Ind. textile, Paris (1968) 967, S. 287–290.

*Ostfeld, M.:* Die Luft als technologisches Hilfsmittel in der Putzerei der Baumwollspinnerei. Spinner, Weber, Textilveredlung **86** (1968) 5, S. 415 bis 418.

*Wegener, W., Schubert, G.:* Die beim Abzug von Streckcops entstehende Ablauf-Fadenzugkraft und ihre Veränderung durch Fadenbremsen. Z. ges. Textilind. **70** (1968) 5, S. 305–313.

*Spinnerei*

*Egry, T.:* Die Tendenzen und Entwicklung des ungarischen Textilmaschinenbaus. Magyar Textiltechn. **20** (1968) 4, S. 186–189.

*Shah, N. C.:* Eine abgeänderte Ringspinnmaschine für Hochleistungs-Produktion. Textile Inst. Ind. **6** (1968) 5, S. 130.

*Uhlig, J., Riehl, H.-J.:* Senkung der Fadenbrüche in der Baumwollspinnerei durch Veränderung der Technologie. Dt. Textiltechnik **18** (1968) 6, S. 338–342.

*Erzeugnisse der Spinnerei und Zwirnerei*

*Bieser, H., Müller, L.:* Strumpfgarne aus Chemiefasern für Damenstrümpfe und Feinstrumpfhosen. Chemiefasern **18** (1968) 5, S. 360–369.

*Dohrn, W., Oestmann, K., Sachsinger, K.:* Neue Ergebnisse bei der Verarbeitung von WOLPRYLA 65. Dt. Textiltechnik **18** (1968) 6, S. 342–347.

**Texturfäden**

Übersicht über Texturfäden. Japan Textile News (1968) 159, S. 78–81.

Advance Throwing Mills Nordost-Expansion schließt Polyester ein. Hosiery Trade J. **75** (1968) 893, S. 79–80.

**Kern/Mantel-Fäden**

Charakteristika und Einsatzmöglichkeiten von Latex- und Lactron-Fäden. Ind. textile, Paris (1968) 966, S. 179–183.

## IV. Flächengebilde-Herstellungstechnologien

Zunehmender Einsatz von synthetischen Faserstoffen auf dem Gebiete der Industrietextilien. Japan Textile News (1968) 159, S. 17–18.

**Materialvorbereitung**

*Wegener, W., Schubert, G.:* Die Ermittlung der Druckverteilung in Garnkörpern. Teil 2. Textil-Praxis **23** (1968) 5, S. 297–302.

**Weberei**

*Tidow, K.:* Kleine Chronik des Zugwebstuhls. Spinner, Weber, Textilveredlung **86** (1968) 5, S. 421–423.

*Pilisi, J.:* Der technologische Stillstand in der Weberei. Ind. textile, Paris (1968) 966, S. 211–212.

*Weberei-Technologie*

*Macovei, M.:* Methoden und Kriterien der Wertung des technischen Standes moderner Maschinen der Webereivorbereitung und der Weberei. Ind. textila, Bucureşti **19** (1968) 5, S. 281–288.

*Rohs, W., Griese, H., Heim, H.:* Untersuchungen über die Wirksamkeit verschiedener Präparationen für Harnischschnüre. Melliand Textilber. **49** (1968) 6, S. 656–660.

*Németh, L.:* Die theoretische Untersuchung des Fühlerarmes zur Erfassung des Kettbaumdurchmessers. Magyar Textiltechn. **20** (1968) 4, S. 165 bis 167.

*Foster, R.:* Entwicklungsrichtungen der Webmaschinen. Textile Inst. Ind. **6** (1968) 5, S. 120–122.

Stoffherstellung in der ČSSR – die neueste Textiltechnik von heute. Textile World **118** (1968) 3, S. 46–53.

*Erzeugnisse der Weberei*

*Ibrahim, S. M.:* Funktion und Zusammenwirken der Stretch-Elemente in Geweben mit Spandexgarnen. 2. Teil. Textil-Praxis **23** (1968) 5, S. 293–297.

Eine neue Technik zur Herstellung von Mokett-Teppichen. Ind. textile, Paris (1968) 966, S. 207–210.

Über die Bearbeitung neuer primärer Teppichgrundwaren aus Polypropylenfaserstoffen nach dem Tuftingverfahren. Textile World **118** (1968) 3, S. 73.

**Wirkerei und Strickerei. Konfektionstechnik. Sonstige Technologien**

*Scotton, H. E.:* Probleme und moderne Fortschritte bei der Konfektionierung gewirkter bzw. gestrickter Kleidungsstücke. Hosiery Trade J. **75** (1968) 893, S. 131–136.

*Rothbart, J.:* Herstellung und Eigenschaften webwarenähnlicher Oberbekleidungsstoffe auf Raschelmaschinen. Melliand Textilber. **49** (1968) 6, S. 681–684.

*Erzeugnisse der Wirkerei und Strickerei*

*Grau, H., Wölfel, H.:* Der Einsatz texturierter Polyester-Garne in der Breitwirkerei. Wirk.- u. Strick.-Technik **18** (1968) 5, S. 219–222.

*Lancashire, J. B.:* Aranartige Maschenware im technischen Mittelpunkt. Hosiery Trade J. **75** (1968) 893, S. 74–78.

*Konfektionstechnik*

*Steuckart, Helmut:* Statistische Qualitätskontrolle in der Oberbekleidungsindustrie. ZwF. Z. wirtsch. Fertigung **63** (1968) 5, S. 261–264.

*Sonstige Technologien*

*Szabó, L.:* Die Theorie des Flechtens und die Bestimmung der Einstellungsparameter der Maschinen. Magyar Textiltechn. **20** (1968) 4, S. 183–185.

*Ungureanu, St.:* Neuorientierung der Produktion von Verpackungsmaterialien und Seilereierzeugnissen. Ind. textila, Bucureşti **19** (1968) 4, S. 224 bis 227.

*de Jong, E.:* Stärkere Trossen für Supertanker. Band- u. Flechtind. (1968) 2, S. 35–37 (dt. u. engl.).

**Textilverbundstoffe**

*Fadenverbundstoffe*

Neuentwicklungen bei den Nähwirkmaschinen. System Mali. Chemiefasern **18** (1968) 6, S. 442.

*Pirkl, K.:* Gegenwärtiger Stand, Entwicklung und Anwendungsgebiete der Arachne-Textilien. Chemiefasern **18** (1968) 6, S. 437–442.

*Falkowska, E.:* Über das Herstellungsverfahren von schwer brennbaren, geklebten Tapezierverbundstoffen. Przegl. włókienn. (Textil-Rdsch.) **22** (1968) 3, S. 136.

*Tracs, W.:* Mustermöglichkeiten bei ungewebten Textilien. Przegl. włókienn. (Textil-Rdsch.) **22** (1968) 3, S. 137–141.

*Faserverbundstoffe. Vliesstoffe*

*Albrecht, W.:* „Non-wovens", Herstellung, Eigenschaften und Verwendung. Chemiefasern **18** (1968) 6, S. 426–437.

*Allan, G. G., Smith, L. A.:* Grundlagen von Faservliesen. I. Grundlegende Fasergeometrie. Cellulose Chem. Technology, Jassy/Rum. **2** (1968) 1, S. 89–103 (engl.).

## V. Textilveredlung

*Nitschke, G.:* Einige Beobachtungen über den Einfluß des Verhältnisses der Bodenkörpermenge zur Flüssigkeit auf Zustand und Eigenschaften des textilen Substrates. Z. ges. Textilind. **70** (1968) 6, S. 382–385.

*Schefer, W.:* Veränderungen der Wolle durch Wärmebehandlungen im Veredlungsbetrieb. Textilveredlung, Weinfelden/Schweiz **3** (1968) 5, S. 231–237.

*Meier-Windhorst, C. A., Schraud, A.:* Neue Erkenntnisse auf dem Gebiete der Breitwaschverfahren und ihre Bedeutung für die Stückfärberei und den Stoffdruck. Z. ges. Textilind. **70** (1968) 6, S. 389–392.

*Carter, A.:* Das Färben und Ausrüsten von Baumwollvelourwirkware. Amer. Dyestuff Rep. **56** (1967) 25, S. 112 (P 993)–116 (P 997).

**Bleicherei. Sonstige Vorbehandlungsarbeiten der Textilveredlung**

Faltenloser, Zweiminuten-Bleichprozeß für schwere Stoffe. Textile Ind. **131** (1967) 11, S. 146.

*Jakubowicz, H.:* Reinigung der Baumwollgewebe. Przegl. włókienn. (Textil-Rdsch.) **22** (1968) 3, S. 141–143.

**Farbstoffe. Textilhilfsmittel**

Interchem erweitert die Skala der Textilfarbstoffe. Amer. Dyestuff Rep. (1967) 24, S. 82(932), 94(937).

Alphabetisches Verzeichnis neuer Produkte. Entwicklung seit November 1966. Amer. Dyestuff Rep. **56** (1967) 25, S. 55(940)–70(955), 74(959).

*Scheer, R.:* Farbstoffe, Waschmittel sowie Hilfsmittel für die Färberei, Wäscherei und Chemischreinigung. Textilreinigung **15** (1968) 6, S. 165 bis 169.

*McGregor, R., Peters, R. H., Ramachandran, C. R.:* Die Diffusion von Dispersionsfarbstoffen in Polymerfilme. J. Soc. Dyers Colourists **84** (1968) 1, S. 9–20.

*Schwitzer, M. K., von Saldern, A.:* Über kationaktive Wäsche-Veredler. Fette, Seifen, Anstrichmittel/Ernährungsind. **70** (1968) 5, S. 349–355.

*Blumenstein, Carl R.:* Bewertung von Textilhilfsmitteln. Amer. Dyestuff Rep. **56** (1967) 25, S. 89 (P 970)–96 (P 977).

*Klopfer, H.-D.:* Sicherheitsregeln beim Umgang mit CKW (Per, Tri). Chemischreiniger u. Färber/Färber-Ztg. **21** (1968) 5, S. 224.

**Färberei**

*Stearns, E. I.:* Färben für ein Leben. Amer. Dyestuff Rep. **57** (1968) 5 S. 43 (P 148)–49 (P 154).

*Hueckel, M. O.:* Einbad-Naphtholfärben. Amer. Dyestuff Rep. **57** (1968) 5, S. 55 (P 160)–57 (P 162).

*Ross, J. M.:* Oxydation von Küpenfärbungen mit Persauerstoff-Chemikalien. Amer. Dyestuff Rep. **57** (1968) 2, S. 39 (P 41)–41 (P 43).

*Wegmann, J.:* Farbstoff-Fixierung – eine vergleichende Übersicht gegenwärtiger und zukünftiger Methoden. Melliand Textilber. **49** (1968) 6, S. 687–698.

*Waters, E.:* Entwurf eines Färbeprozesses für die Automatisierung. J. Soc. Dyers Colourists **84** (1968) 2, S. 74–81.

*Lőrinc, A., Péter, F.:* Heimische Erfahrungen beim Färben von synthetischen Fasern und ihren Mischungen. Magyar Textiltechn. **20** (1968) 4, S. 168–171.

*Newby, W. E., Hug, G. T., Thomas, R. J.:* Übersicht über das Färben von Polyamiden. Amer. Dyestuff Rep. **57** (1968) 4, S. 43 (P 113)–47 (P 117).

*Weigold, S.:* Möglichkeiten und neuester Stand des Färbens von Geweben und Gewirken aus Polyesterfasern (und Polyamidfasern) unter HT-Bedingungen. Melliand Textilber. **49** (1968) 6, S. 699–704.

*Brooks, J. A., Hood, D. E., Kelly, D. R., Lowery, R. F., Thomas, R. J.:* Für die Entwicklung von Polyamid-Teppichen angewandte Färbetechnologie. Amer. Dyestuff Rep. **56** (1967) 24, S. 68 (P 918)–72 (P 922).

#### Druckerei

*Feess, E.:* Praxis und Theorie des Drucks mit Reaktivfarbstoffen. 1. Teil. Textil-Praxis **23** (1968) 5, S. 335–341.
*Jonusas, Alan:* Brittany wendet sich dem automatischen Druck zu. Produzent von Drucken hoher Qualität verrichtete früher sämtliche Arbeiten an Drucktischen. Amer. Dyestuff Rep. **57** (1968) 5, S. 35(144) bis 37(146).
*Zysman, J.:* Die Pigmentfarbstoffe beim Drucken. Ind. textile, Paris (1968) 967, S. 297–303.
*Byland, H. R.:* Teppichdruck in Europa. Amer. Dyestuff Rep. **56** (1967) 25, S. 101(P 982)–106(P 987).

#### Ausrüstung. Trocknung

*Hepp, J.:* Die Hochveredlung heute. Chemiefasern **18** (1968) 6, S. 444 bis 450.
*Beninate, J. V., Boylston, E. K., Drake, G. L., Reeves, W. A.:* Bessere Entflammung verzögernde Ausrüstung für Baumwollstoffe. Textile Ind. **131** (1967) 11, S. 110, 112, 114, 116, 118.
Die kochwasch- und chemischreinigungsbeständige Flammfestausrüstung von Baumwollgeweben. Ciba-Rdsch., Basel (1968) 1, S. 43–45.
*Connick, W. J., jr., Ellzey, S. E., jr.:* Auftragen einer Poly(perfluoroctanoyl)-äthylenimin-Emulsion auf Baumwolle. Amer. Dyestuff Rep. **57** (1968) 3, S. 17(71)–19(73).
*Blumenstein, C. R.:* In der Gewebeausrüstung verwendete polymere Substanzen. Amer. Dyestuff Rep. **57** (1968) 1, S. 23(P1)–8(P 17).
*Campbell, K. J.:* Silikon-Faserstoffausrüstungsmittel; ein neuer Begriff für kritische Textilverarbeitung. Amer. Dyestuff Rep. **57** (1968) 3, S. 25(P 75)–30(P 80).
Umschwung in der Beschichtungsindustrie. Textile Ind. **131** (1967) 11, S. 134, 136, 138, 140, 141, 143.
*Grosocki, Z. J., Narsian, M. G.:* Einige Gesichtspunkte beim Ausrüsten von Teppich-Rückseiten. Textile Inst. Ind. **6** (1968) 5, S. 126–129.
*Hoff, G.:* Die punktförmige Beschichtung, ein Fortschritt auf dem Gebiet heißsiegelfähiger Einlagestoffe. Melliand Textilber. **49** (1968) 6, S. 712.
*Vollbrecht, H.:* Trocknungsanlagen für die chemische Industrie. Chem. Ztg./Chem. Apparatur **92** (1968) 10, S. 351–359.
*Rotta, N., Papiu, L.:* Die chemische Ausrüstung in der Nähgarnfabrik Odorhei. Ind. textilă, Bucureşti **19** (1968) 5, S. 291–300.

#### Wäscherei. Chemische Reinigung

*Kallies, J.:* Entwicklungsgeschichte der Wäschereinigung (II). Textilreinigung **15** (1968) 6, S. 172–175.
*Morgan, J. P.:* Eine neue Näherung zu waschbaren Stretch-Wollgeweben. Amer. Dyestuff Rep. **56** (1967) 26, S. 17(1020)–20(1023), 41(1042) bis 42(1043).
*Senden, K. G., Koning, J.:* Die Wechselwirkung von Tensiden mit Textilien unter besonderer Berücksichtigung von Baumwolle und Nylon. Fette, Seifen, Anstrichmittel/Ernährungsind. **70** (1968) 1, S. 36–39.
Sichere Waschbarkeit – eine Reklame für Verkäufe. Hosiery Times **41** (1968) 466, S. 85–88.
Wirkung der Trockenreinigung (Chemischreinigung) auf wollene Kleidungsstücke. Chemischreiniger u. Färber/Färber-Ztg. **11** (1968) 5, S. 139–142.
*Kaesler, K. P.:* Zur Vergrauung weißer Synthetikware in der Chemischreinigung. Chemischreiniger u. Färber/Färber-Ztg. **21** (1968) 5, S. 213.
*Wendrack, W., Berneiser, R.:* Ökonomische Vorteile filterbetriebener Chemischreinigungsanlagen. Textilreinigung **15** (1968) 6, S. 179.

## VI. Werkstoffprüfung. Meß- und Prüftechnik. Standardisierung

#### Eigenschaften und Fehler der Textilmaterialien u. a.

*Niemeyer, D.:* Spannungs-Dehnungs-Verhalten von Fördergurten mit Polyester/Polyamid-Einlagen. Kautschuk, Gummi, Kunststoffe **21** (1968) 4, S. 187–192.
*Benický, M., Ondrejmiska, K., Samuhelová, Z.:* Beitrag zur Auswertung der Stabilität von Polypropylenfaserstoffen. Chem. Vlákna, Svit (Chem. Fasern) **18** (1968) 2, S. 19–23.
*Mjasnikov, A. A., Aslanova, M. S., Kiričenko, L. F., Klimentova, Ju. P., Vysockij, Z. Z.:* Einfluß der Bedingungen einer Säure- und Wärmebehandlung von Faserstoffen aus künstlichen und natürlichen Basaltgläsern auf die Textur der Quarzfasern. Ž. prikl. Chimii (Z. angew. Chemie) **41** (1968) 4, S. 904–910.
*Byrne, G. A., Holmes, F. H., Lord, J.:* Verfärbung von Polyamid 6.6 – Ein Vergleich der Einflußfaktoren. J. Soc. Dyers Colourists **84** (1968) 1, S. 20–26.
*Engeler, A.:* Fasereigenschaften und Gebrauchsverhalten der Textil-Fabrikate am Beispiel Wolle und Baumwolle. Melliand Textilber. **49** (1968) 6, S. 649–653.
*Shinohara, A., Yamaguchi, S.:* Messung der Biegesteifigkeit von Geweben. J. Textile Mach. Soc. Japan **13** (1967) 6, S. 220–225.
*Kida, T., Ikeda, S.:* Die Beziehung zwischen der geometrischen Konstruktion und der Reflexionseigenschaft von Geweben. J. Textile Mach. Soc. Japan **13** (1967) 6, S. 230–236.
*Solomon, I.:* Methoden zur Bestimmung der Filzfähigkeit der Wolle. Ind. textilă, Bucureşti **19** (1968) 4, S. 218–220.
*Fadeeva, A. V., Kurženkova, M. S., Il'cenko, P. A., Martynov, M. A., Sergun'ko, D. M., Mjasnikov, G. D., Ostrovskaja, D. A., Kuznecova, O. D.:* Eigenschaften von Polypropylenfolien. Plast. Massy, Moskva (Plast. Massen) (1968) 4, S. 50–51.

#### Meß- und Prüftechnik

*Le Cerf, F.:* Eine neue Vakuum-Mikrowaage. Meßtechnik **76** (1968) 5, S. 114–117.
*Sacht, H.-J.:* Rechnende Waagen. Meßtechnik **76** (1968) 5, S. 105–107.
*Robens, E.:* Geräte zur Messung der Gassorption. ATM. Arch. techn. Messen ind. Meßtechnik (1968) 387, S. 69–74.
*Stefănescu, I. C., Marchis, A., Marchis, O., Chinciu, D., Lisman, C., Ionescu, R.:* Eine Methode und ein elektronisches Gerät zur Bestimmung der Fadendichte in Geweben und der Dichte der Maschenreihen. Ind. textilă, Bucureşti **19** (1968) 5, S. 289–290.
*Bobeth, W., Clement, A.:* Zur Veränderung der Ungleichmäßigkeit von Polyamidfäden beim Verstrecken. Faserforsch. u. Textiltechnik **19** (1968) 7, S. 297–301.
*Anders, G.:* Weißkontrolle: Der Cibanoid-Weißstandard. J. Soc. Dyers Colourists **84** (1968) 2, S. 125–132.
*Rasumowskaja, I. W., Bartenew, G. M.:* Methoden zur Vorausbestimmung der Lebensdauer von Plasten. Plaste u. Kautschuk **15** (1968) 5, S. 360 bis 362.
*Hoffrichter, S.:* Untersuchungen an Masern aus Polyester-Seide. Faserforsch. u. Textiltechnik **19** (1968) 7, S. 304–312.
*Raduškevič, L. V., Kolganov, V. A.:* Geschwindigkeitsabhängigkeit der Fällungsaktivität von Aerosolteilchen auf Faserstoffe und die Möglichkeit der Trennung der wirksamen Faktoren im Filtrationsprozeß. Ž. fizič. Chimii (Z. physik. Chemie) **42** (1968) 4, S. 971–976.
*Kahovcová, J., Ranný, M.:* Die Bestimmung unverzweigter Fettalkohole in Gegenwart von Alkylbenzolen im nichtsulfonierten Anteil von Aniontensiden mit Hilfe von Harnstoff-Einschlußverbindungen. Tenside, München **5** (1968) 3/4, S. 83–86.
*Nordon, P., Bainbridge, N. W.:* Eine Laboruntersuchung der Trockenchlorierung von Wolle bei Atmosphärendruck. I. Behandlungsbedingungen, J. Soc. Dyers Colourists **84** (1968) 1, S. 26–29.
*Baird, K., Nordon, P., Foulds, R. A.:* Eine Laboruntersuchung der Trokkenchlorierung von Wolle bei Atmosphärendruck. II. Bewertung der behandelten Wolle. J. Soc. Dyers Colourists **84** (1968) 1, S. 29–32.
*Hudson, J. O.:* Cyclische Dehnungsschwankungen an Kettenwirkmaschinen mit Hakennadeln. Textile Inst. Ind. **6** (1968) 5, S. 117–119.
*Mayer, D.:* Biegefestigkeit von textilen Materialien in Abhängigkeit von der Temperatur und der relativen Luftfeuchtigkeit. Teil 2. Textil-Praxis **23** (1968) 5, S. 285–288.
*Dobozy, O. K., Hornung, J.:* Dies und jenes über die Faseranalyse in der Wollindustrie. III. IV. Tex, Doetinchem/Nd. **27** (1968) 4, S. 217–219; 5, S. 272–274.
*Platzek, P., van Kempen, G. A.:* Kontrolle der Polhöhe bei Doppelgeweben. Tex, Doetinchem/Nd. **27** (1968) 4, S. 200–201.
*Gel'man, V. B., Gerškovič, B. M., Lipatova, M. F.:* Scheuerprüfgerät für nichtmetallische Materialien. Zavodsk. Labor., Moskva (Betriebslabor) **34** (1968) 3, S. 361–362.

#### Standardisierung. Terminologie

Auseinandersetzung über die Kennzeichnung von Textil- und Konfektionswaren. Norsk Tekstiltid. (1968) 4, S. 10, 12, 14, 16, 17, 19, 22, 24, 26, 28.
*Jayme, G., Büttel, H.:* Vergleich verschiedener Verfahren zur Pentosanbestimmung einschließlich einer neuen ISO-Methode. Papier **22** (1968) 5, S. 249–253.

## VII. Betriebstechnik. Ökonomie. Tagungsberichte u. dgl.. Sonderfragen

#### Betriebstechnik

*Konopásek, M.:* Die Anwendung der Kybernetik in der Trikotagenindustrie. III. Schluß. Tex, Doetinchem/Nd. **27** (1968) 4, S. 208–210; 5, S. 257–259.
Berufe der Datenverarbeitung. Rationalisierung im Büro **19** (1968) 5, S. 40–42.
*Pompe, F.:* Maximalleistungen von mehrsystemigen Rundstrickmaschinen. Dt. Textiltechnik **18** (1968) 6, S. 347–350.
*Hampson, N. H.:* Anlagen und Geräte aus verstärktem Polyestermaterial verringern Korrosionsprobleme in Textilbetrieben. Z. ges. Textilind. **70** (1968) 6, S. 423–425.
*Gerth, G.:* Staubtechnik. VDI-Z. **110** (1968) 15, S. 645–648.
*Mertens, J.:* Schutzfarben auf Wänden oder keramischen Platten. Band- u. Flechtind. (1968) 2, S. 59–61 (dt., engl.).
*Nixdorf, J.:* Anorganische Fasermaterialien für temperaturbeständige faserverstärkte Werkstoffe. Teil 1. VDI-Z. **110** (1968) 13, S. 543–550.
*Erbert, L.:* Wasserbedarf in der Textilindustrie. Dt. Textiltechnik **18** (1968) 6, S. 375–380.
*Scholz, H. G.:* Moderne Verfahren zur Abwasserreinigung in der Lederindustrie. Allg. prakt. Chemie, Wien **19** (1968) 4, S. 117–121.
*Hohmann, E.:* Der Materialfluß und die Lager- und Transportkosten im Betrieb. ZwF. Z. wirtsch. Fertigung **63** (1968) 5, S. 229–231.
*Conrad, H.:* Zur Systematisierung der Aufgaben einer Büroorganisations-Abteilung. Rationalisierung im Büro **19** (1968) 5, S. 44–46.

#### Ökonomie

*Kießlich, W., Völker, K.:* Verteilungsnormative und innere Dynamik des Streubereiches der Normerfüllung. Arbeitsökonomik **12** (1968) 3, S. 233 bis 251.
*Luda, Cl.-D., Aust, A.:* Arbeitsstudienlabor im Betrieb. Fertigungstechnik u. Betrieb **18** (1968) 6, S. 330–332.
*Fedorenko, N. P.:* Die Steuerung der Produktion und mathematische Methoden. Teil I u. II. Presse der SU, Ausg. A, Berlin (1968) 66, Beilage, S. 1–16; 70, Beilage, S. 1–61.
*Engriser, R.:* Beurteilung einer Organisationsstruktur nach einem Modell. Ind. Organis., Zürich **37** (1968) 5, S. 309–315.
*Kruppe, E.:* Systematik der Arbeitsmethodenstudie. Fertigungstechnik u. Betrieb **18** (1968) 6, S. 352–355.
*Lorenz, H.-J.:* Die erzeugnisgebundene Planung – eine wichtige Aufgabe bei der Weiterentwicklung unseres Planungssystems. Wirtschaft, Ausg. A **23** (1968) 22, S. 5–6.
*Garbe, K.:* Operationsforschung – Hemmnisse und Anforderungen. Dt. Textiltechnik **18** (1968) 6, S. 388–393.
*Fox, K. R.:* Rolle der Forschung und Entwicklung bei der modernen Leitung der Textilindustrie. Amer. Dyestuff Rep. **57** (1968) 4, S. 49(P 119) bis 52(P 123).
*Kubelka, V.:* Ökonomische Konsequenzen der Verarbeitung eines größeren Anteil an Laubholz in der Zellstoff- und Papierindustrie der ČSSR. Zellstoff u. Papier **17** (1968) 5, S. 143–146.

#### Sonderfragen

*Bereska, D.:* Das Preis-Leistungsverhältnis. Rationalisierung im Büro **19** (1968) 5, S. 33–34.
*Walz, D.:* Die Technik der Führung. Rationalisierung im Büro **19** (1968) 5, S. 7, 8.
*Rosenkranz, R.:* Die Rationalisierung der Chefarbeit. Rationalisierung im Büro **19** (1968) 5, S. 12–14.
*Dux, W.:* Das Anliegen der technisch-wissenschaftlichen Bibliotheken. Wiss. Z. Techn. Univ. Dresden **16** (1967) 5, S. 1629–1632.

FSC
www.fsc.org
MIX
Papier | Fördert gute Waldnutzung
FSC® C083411

Kolibri 360 GmbH
Ferdinand-Jühlke-Straße 7
99095 Erfurt, Deutschland
produktsicherheit@kolibri360.de